国家卫生健康委员会"十四五"规划教材

全国中等卫生职业教育教材

供医学检验技术专业用

有机化学基础

第4版

主　编　李　晖

副主编　贾　梅　姜风华

编　者（以姓氏笔画为序）

孙　茹（衡水卫生学校）

李　晖（衡水卫生学校）

范丽红（辽宁医药化工职业技术学院）

庞晓红（黑龙江护理高等专科学校）

姜风华（山东省烟台护士学校）

贾　梅（濮阳医学高等专科学校）

顾　伟（安徽省淮南卫生学校）

廖　萍（赣南卫生健康职业学院）

人民卫生出版社

·北　京·

图书在版编目（CIP）数据

有机化学基础 / 李晖主编. —4 版. —北京：人民卫生出版社，2022.10（2025.5 重印）

ISBN 978-7-117-33716-8

Ⅰ. ①有… Ⅱ. ①李… Ⅲ. ①有机化学－中等专业学校－教材 Ⅳ. ①062

中国版本图书馆 CIP 数据核字（2022）第 182031 号

人卫智网	www.ipmph.com	医学教育、学术、考试、健康，购书智慧智能综合服务平台
人卫官网	www.pmph.com	人卫官方资讯发布平台

有机化学基础
Youji Huaxue Jichu
第 4 版

主　　编：李　晖

出版发行：人民卫生出版社（中继线 010-59780011）

地　　址：北京市朝阳区潘家园南里 19 号

邮　　编：100021

E - mail：pmph @ pmph.com

购书热线：010-59787592　010-59787584　010-65264830

印　　刷：三河市潮河印业有限公司

经　　销：新华书店

开　　本：850×1168　1/16　印张：13

字　　数：277 千字

版　　次：2002 年 2 月第 1 版　　2022 年 10 月第 4 版

印　　次：2025 年 5 月第 5 次印刷

标准书号：ISBN 978-7-117-33716-8

定　　价：48.00 元

打击盗版举报电话：010-59787491　E-mail：WQ @ pmph.com

质量问题联系电话：010-59787234　E-mail：zhiliang @ pmph.com

数字融合服务电话：4001118166　E-mail：zengzhi @ pmph.com

修订说明

为服务卫生健康事业高质量发展，满足高素质技术技能人才的培养需求，人民卫生出版社在教育部、国家卫生健康委员会的领导和支持下，按照新修订的《中华人民共和国职业教育法》实施要求，紧紧围绕落实立德树人根本任务，依据最新版《职业教育专业目录》和《中等职业学校专业教学标准》，由全国卫生健康职业教育教学指导委员会指导，经过广泛的调研论证，启动了全国中等卫生职业教育护理、医学检验技术、医学影像技术、康复技术等专业第四轮规划教材修订工作。

第四轮修订坚持以习近平新时代中国特色社会主义思想为指导，全面落实党的二十大精神进教材和《习近平新时代中国特色社会主义思想进课程教材指南》《"党的领导"相关内容进大中小学课程教材指南》等要求，突出育人宗旨、就业导向，强调德技并修、知行合一，注重中高衔接、立体建设。坚持一体化设计，提升信息化水平，精选教材内容，反映课程思政实践成果，落实岗课赛证融通综合育人，体现新知识、新技术、新工艺和新方法。

第四轮教材按照《儿童青少年学习用品近视防控卫生要求》(GB 40070—2021)进行整体设计，纸张、印刷质量以及正文用字、行空等均达到要求，更有利于学生用眼卫生和健康学习。

前　言

　　有机化学基础是中等卫生职业教育医学检验技术专业的一门重要的专业课程。《有机化学基础（第4版）》是依据《职业教育专业简介（2022年修订）》，并参考《中等职业学校化学课程标准》（2020年版），结合职业教育改革发展实际修订的，供中等卫生职业教育医学检验技术专业用。

　　本教材全面落实党的二十大精神进教材要求，紧紧围绕立德树人的根本任务，以就业和升学为导向，融传授知识、培养能力、提高素养为一体，力争体现中等卫生职业教育特点和专业特色，落实"三全育人"要求。遵循"三基、五性、三特定"的修订编写原则，融入课程思政，重视学生创新精神、工匠精神的培养，注重学生环境保护、安全意识等内容的教育。

　　第4版教材共11章，在总体框架上与第3版基本相同，在第3版的基础上对内容进行了优化，删减了σ键、π键相关知识，调整了各类有机化合物部分"节"的排列顺序以便于实施教学，注重有机化学基础知识的概括性、规范性和应用性。第4版教材具有以下特点：

　　1. 引入情境教学，激发问题意识。每章以案例导入，通过具体情境导出问题，引导学生思考，激发学习兴趣，提高学生分析问题和解决问题的能力。

　　2. 融合教学资源，坚持创新。第4版教材修订重点放在数字内容与纸质教材的融合上，学习方式多样化，学习内容形象化，配套教学课件、微课、图片等，为信息化教学和自主学习提供便利。

　　3. 理实一体化。教材内容加强了与医学检验技术的联系，使学生了解实际工作岗位技能需求，做到学有所用、与时俱进。同时，教材内容与高中阶段化学知识基本相同，以适应相应升学考试。

　　本教材在编写过程中，得到了各编者所在单位及相关专家的大力支持，同时参考了部分文献资料。在此向有关单位、专家、作者一并表示感谢！

　　鉴于编者学术水平所限及编写时间仓促，教材中难免有不妥之处，请广大师生提出宝贵意见，以便进一步修订。

李　晖
2023年9月

目　录

第一章 | 有机化合物概述

01章 数字资源

学习目标

1. 具有热爱科学、严谨求实的态度，不断进取的科学品质。
2. 掌握有机化合物的结构特点、简单有机化合物结构简式的表示方法。
3. 熟悉有机化合物的概念和特性，以及有机化合物共价键的类型。
4. 了解同分异构现象、官能团的概念和有机化合物的分类。
5. 学会区分有机化合物、无机化合物，并能书写简单有机化合物结构式、结构简式。

 导入案例

医院器械、物品的消毒和灭菌方法，主要包括：①空气，可用高强度紫外线照射、乳酸熏蒸等方法；②地面、墙面，可用各种含氯消毒剂来擦拭；③皮肤，可用 75% 乙醇或含碘消毒剂等消毒；④手术器械，可用高压蒸汽灭菌或环氧乙烷熏蒸等方法。

请思考：

1. 你知道乳酸、含氯消毒剂、75% 乙醇等消毒剂中，哪些属于无机化合物，哪些属于有机化合物吗？是有机化合物的，它们分别属于哪类有机化合物？官能团分别是什么？

2. 为什么紫外线和高压蒸汽可以灭菌？

第一节 有机化合物的概念和特性

一、有机化合物和有机化学

自然界中存在的物质种类繁多、数不胜数，根据它们的组成、结构、性质，通常分为无机化合物和有机化合物两大类。

19世纪以前，人类获得的物质或来源于无生命的矿物质，或来源于有生命的动植物体，当时人们认为有机化合物只有依靠在动植物体存在的"生命力"才能生成。1828年，德国化学家维勒（F. Wöhler，1800—1882）首次在实验室通过加热无机化合物氰酸铵合成有机化合物尿素（人体或其他哺乳动物中含氮物质代谢的主要最终产物），这改变了有机化合物只能从生物体内取得的观点，推动了有机化学的研究。

大量的科学研究证明，有机化合物在组成上都含有碳元素，绝大多数还含有氢，有些也含有氧、硫、氮和卤素等。由于碳氢化合物分子中的氢原子可以被其他原子或基团所替代，从而衍生出来许多其他的有机化合物，所以，人们把**碳氢化合物及其衍生物称为有机化合物，简称为有机物。研究有机化合物的组成、结构、性质、合成及其应用的化学，称为有机化学。**有机化学是化学学科的重要分支，其研究对象就是有机化合物。

注意，含碳化合物不一定都是有机化合物，如一氧化碳、二氧化碳、碳酸及碳酸盐、金属氰化物等。由于它们的性质与无机化合物更相似，因此习惯上仍把它们归为无机化合物。

科学史话

青 蒿 素

疟疾是由疟原虫感染所致的传染病，严重危害人类生命健康。临床特征为以发作时序贯性地出现寒战、高热、出汗、退热等症状，并呈周期性发作。青蒿素是我国首先发现并成功提取的特效抗疟药。我国向全球积极推广应用青蒿素，挽救了全球特别是发展中国家数百万人的生命，为全球疟疾防治、佑护人类健康作出了重要贡献。2015年10月，我国药学家屠呦呦因"从中医药古典文献中获取灵感，先驱性地发现青蒿素，开创疟疾治疗新方法"，获得诺贝尔生理学或医学奖。

$$H_3C$$

青蒿素

有机化学与医学检验技术关系非常密切。有机化学是医学检验技术专业的核心课程，学好有机化学基本知识、基础理论，掌握基本技能是非常必要的。人体组织主要由有机化合物组成。人体内物质代谢是体内千千万万有机化学反应的结果。构成人体的各种物质的多少及其平衡,影响着人体健康。在诊断治疗疾病时,临床上首先需要运用化学原理和方法对人体血液、尿液及其他体液进行定性、定量分析,以便了解人体物质代谢状况,为诊断疾病提供科学依据。如测定血糖、尿糖、尿酮体的含量,能够为糖尿病的诊断提供依据;测定血液和尿液中的尿素氮和肌酐的含量,可反映肾的功能;测定血液中的转氨酶活性,能反映肝和心肌的功能等。

二、有机化合物的特性

与无机化合物相比,有机化合物有如下特性(表1-1):

(一)可燃性

有机化合物一般容易燃烧,生成二氧化碳和水,同时释放出大量的热量,如天然气、汽油、乙醇等。而大部分无机化合物不能或难燃烧。

(二)熔点低

有机化合物的熔点都较低,一般不超过400℃。常温下多数有机化合物为易挥发的气体、液体或低熔点的固体。而无机化合物的熔点一般较高。

(三)水中溶解性

大多数有机化合物是非极性或弱极性分子,难溶于水,易溶于乙醇、乙醚等有机溶剂。但当有机化合物分子中含有能够与水形成氢键的羟基、羧基等基团时,该有机化合物也有可能溶于水。而无机化合物则相反,大多数能溶于水,难溶于有机溶剂。

 知识链接

相似相溶原理

相似相溶原理指溶质与溶剂在结构上相似,则彼此相溶。即极性分子组成的溶质易溶于极性分子组成的溶剂,难溶于非极性分子组成的溶剂;非极性分子组成的溶质易溶于非极性分子组成的溶剂,难溶于极性分子组成的溶剂。

(四)稳定性差

大多数有机化合物稳定性比较差,常受温度、细菌、空气或光照等因素的影响而分解变质。如常温下鲜牛奶在空气中放置1d就会变质,但常温下食盐在空气中放置半年仍可以使用。

(五)反应速度慢

大多数有机化合物之间的反应速度较慢,有的需要几小时、几日,甚至更长的时间来完成,因此往往需要采用加热或使用催化剂等方法。而多数无机化合物之间的反应速度较快,如离子反应能在瞬间完成。

(六)反应产物复杂

多数有机化合物间的反应,除主反应外,常伴有许多副反应发生,反应产物常为复杂的混合物。因此有机反应方程式中的反应物和主要生成物之间不用"==="连接,而只用"——→"连接,以表示有机主反应。而无机化合物之间的反应,副反应鲜有发生,产物简单。

(七)导电性差

大多数有机化合物一般为非电解质,不能导电,如葡萄糖、油脂、乙醇等。而大多数无机化合物在溶液或熔融状态下以离子形式存在,具有导电性。

表 1-1　有机化合物与无机化合物的性质比较

分类	可燃性	熔点	水中溶解性	稳定性	反应速度	反应产物	导电性
无机化合物	难	高	易	强	快	简单	强
有机化合物	易	低	难	差	慢	复杂	弱

但是应该注意,上述有机化合物的特性是对于大多数有机化合物而言的,不是绝对的。如四氯化碳不但不燃烧,反而能够灭火;乙醇可与水混溶等。

第二节　有机化合物的结构特点

仅由氧元素和氢元素构成的化合物,至今只发现了两种,即 H_2O 和 H_2O_2。但仅由碳元素和氢元素构成的化合物却超过几百万种,形成了庞大的碳氢化合物"家族"。究其原因,这与碳原子的成键特点和碳原子的结合方式有关。

一、有机化合物的结构

(一)碳原子的成键特点

碳元素位于元素周期表的第二周期ⅣA族。碳原子最外层有 4 个电子。在化学反应中,碳原子不易失去或得到电子而形成阳离子或阴离子,常以共价键与其他原子通过 4 个共用电子对形成共价化合物,故**在有机化合物中碳原子总是 4 价**。如甲烷分子的电子式和结构式可表示为:

这种能**表示有机化合物分子中原子之间连接顺序和方式的图式**,称为分子结构式,简称为结构式。

(二)单键、双键和三键

在有机化合物分子中,每个碳原子不仅能与氢原子或其他原子(O、N等)形成4个共价键,而且碳原子之间也可通过共价键相结合。碳原子间不仅可以通过共用一对电子形成**单键**,还可以通过共用两对或三对电子形成**双键**或**三键**,分别用"—""═""≡"表示。碳原子之间的单键、双键、三键可表示为:

—C—C—　　　＼C═C／　　　—C≡C—

碳碳单键　　　　碳碳双键　　　　碳碳三键

知识拓展

有机化合物中碳原子与其他原子的成键形式

在有机化合物中,C原子与O、N等原子可形成的共价键有如下形式:

—C—O—　　　　—C═O

碳氧单键　　　　碳氧双键

—C—N—　　　＼C═N—　　　—C≡N

碳氮单键　　　碳氮双键　　　碳氮三键

如临床上常用的乙醇,其结构中存在碳氧单键;尿素结构中既存在碳氧双键又存在碳氮单键等。

碳原子之间相互连接后可形成长短不一的链状或各种不同的环状,从而构成有机化合物的基本骨架。

—C—C—C—C—C—　　　—C—C—C—　　　—C—C═C—C—
　　　　　　　　　　　　　　　│
　　　　　　　　　　　　　　—C—

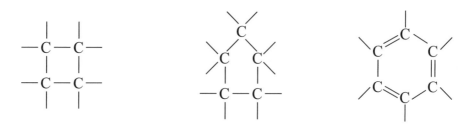

不难看出,有机化合物中碳碳之间既可形成单键,又可以形成双键、三键;既能形成开放碳链,又能形成环状碳链。这些结构上的特点,是造成有机化合物种类繁多的原因之一。

(三)构造式的表示方法

分子式是用元素符号表示物质分子的组成及相对分子质量的化学组成式。由于它不能表明分子的结构,因此在有机化学中应用甚少。有机化合物的组成结构可以用结构式、结构简式、键线式表示,把它们统称为**构造式**。

结构式对于碳原子个数较多的物质书写太烦琐,为了书写方便,因此一般要简化。在结构式基础上,化合物常常省去碳或其他原子与氢原子之间的单键,并将多个氢原子合并,在其元素符号右下角用阿拉伯数字标出该原子的数目,称为**结构简式**。在写结构简式时,双键和三键都不能省略。在链状结构中,单键可以省略;在环状结构中,单键不能省略。

$$CH_3—CH_2—CH_3 \qquad CH_2{=}CH_2 \qquad CH_3—CH_2—OH$$
丙烷 乙烯 乙醇

有机化合物结构中,如果将碳、氢元素符号省略,只表示分子中键的连接情况,在链或环的端点和折角处均表示 1 个碳原子,这样表示的结构简式又称为**键线式**。

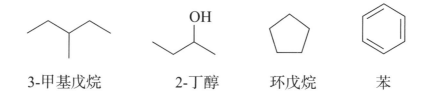

3-甲基戊烷 2-丁醇 环戊烷 苯

 学与练

下列结构简式有错误,请指出错误之处,说明原因并更正。

$$\underset{\qquad\qquad}{CH_3{-}\underset{\underset{CH_3}{|}}{C}{-}CH_2{=}CH{-}CH_3}$$

(四)有机化合物立体结构的表示方法

有机化合物分子中只有少数分子呈直线型结构或平面结构,绝大多数有机化合物分子是立体排布的。分子中原子的空间排布称为分子构型。研究有机化合物的结构，不仅要了解分子的构造，而且还要了解分子的立体结构。

常见的模型有球棍模型和比例模型两种。球棍模型以球代表原子或基团，以棍代表共价键。比例模型按原子半径和键长的比例制作。有机化合物立体结构也可用楔线透视式表示，细线表示纸面上的键，楔形实线"◣"表示纸面前方的键，楔形虚线"◢◢◢"表示纸面后方的键。如一氯甲烷的立体结构见图1-1。

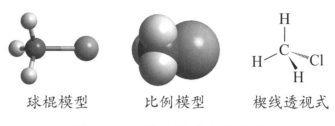

球棍模型　　　比例模型　　　楔线透视式

图 1-1　一氯甲烷的立体结构

二、有机化合物的同分异构现象

有机化合物的性质主要取决于结构。在研究物质的分子组成和性质时，人们发现了很多有机化合物的分子组成相同，但性质却有差异。如分子组成都是 C_2H_6O 的化合物，可以有下列两种不同结构、不同性质的有机化合物（表1-2）。

$$
\begin{array}{ccc}
& \text{H} & \text{H} \\
& | & | \\
\text{H}-&\text{C}-\text{C}-&\text{O}-\text{H} \\
& | & | \\
& \text{H} & \text{H}
\end{array}
\qquad
\begin{array}{ccc}
& \text{H} & \text{H} \\
& | & | \\
\text{H}-&\text{C}-\text{O}-\text{C}-&\text{H} \\
& | & | \\
& \text{H} & \text{H}
\end{array}
$$

乙醇　　　　　　　　　　甲醚

表 1-2　乙醇与甲醚的性质比较

名称	熔点 /℃	沸点 /℃	密度 /(g·ml^{-1})	化学性质
乙醇	−114.3	78.4	0.79	能与 Na 反应
甲醚	−138.5	−24.9	0.67	不能与 Na 反应

像这种分子组成相同、结构不同的现象称为**同分异构现象**，分子组成相同、而结构不同的化合物互称为**同分异构体**。同分异构现象在有机化合物中十分普遍，也是造成有机化合物数目庞大的原因之一。

同分异构的分类

同分异构根据其结构不同分为构造异构和立体异构。

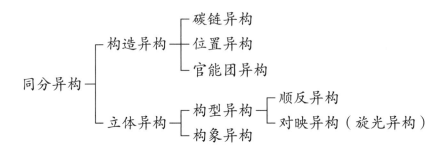

 学与练

下列结构简式哪些属于同分异构体？哪些是同种物质？

（1）CH_3—CH_2—CH_2—CH_3

（2） 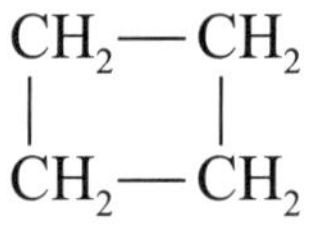
$$CH_2—CH_2$$
$$|\quad\quad|$$
$$CH_2—CH_2$$

（3）
$$CH_2$$
$$H_2C—CH—CH_3$$

（4）
$$CH_2—CH_2$$
$$|\quad\quad|$$
$$CH_3\quad CH_3$$

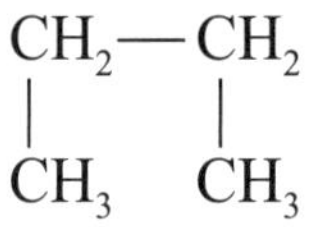

第三节 有机化合物的分类

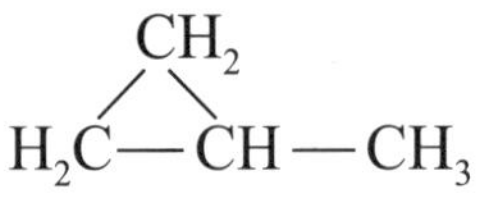

有机化合物种类繁多，为了便于学习和研究，有必要对有机化合物进行分类。通常的分类方法有两种：一是按照构成有机化合物分子的碳的骨架来分类；二是按照反映有机化合物特性的特定官能团来分类。

一、按碳的骨架分类

根据碳原子组成的分子骨架，有机化合物可以分为开链化合物、碳环化合物和杂环化合物三类。

（一）开链化合物

开链化合物指碳与碳或与其他原子之间相互连接成开放性链状的化合物。因为它

们最早是从油脂中发现的,所以又称为脂肪族化合物。例如:

丙烷　　　　　　　　2-丙醇

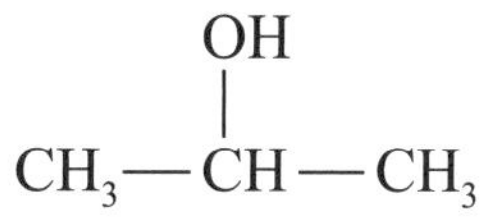

（二）碳环化合物

碳环化合物指碳原子之间相互连接成环状的化合物,根据碳环的结构,可分为脂环族化合物和芳香族化合物两类。

1. 脂环族化合物　这类化合物中碳原子首尾连接成环,与脂肪族化合物的性质相似,故称为脂环族化合物。例如:

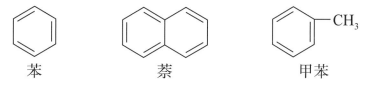

环丁烷　　　　　　环戊烷　　　　　　环己烯

2. 芳香族化合物　这类化合物分子中含有苯环结构,使其具有一些特殊的性质。由于最早从某些具有芳香气味的物质中获得,故称为芳香族化合物。例如:

苯　　　　　　　　萘　　　　　　　甲苯

（三）杂环化合物

杂环化合物指由碳原子与其他元素原子(称为杂原子)共同组成的环状化合物。常见杂原子有氧、硫、氮等原子。例如:

呋喃　　　　　　　噻吩　　　　　　吡啶

二、按官能团分类

有机化合物的化学性质除了与它们的碳架结构有关外,主要取决于分子中某些特殊的原子或基团。这些**能决定有机化合物化学特性的原子或基团称为官能团**。根据分子中所含官能团的不同,可将有机化合物分为若干类,见表1-3。

表1-3 常见有机化合物的类别及其官能团

类别	官能团结构	官能团名称
烯烃	$\diagdown C=C\diagup$	碳碳双键
炔烃	$-C\equiv C-$	碳碳三键
卤代烃	$-X$	卤素原子
醇	$-OH$	醇羟基
酚	$-OH$	酚羟基
醚	$C-O-C$	醚键
醛	$-CHO$	醛基
酮	$\overset{\overset{O}{\parallel}}{-C-}$	酮基
羧酸	$-COOH$	羧基
胺	$-NH_2$	氨基

学与练

按官能团的不同对有机化合物进行分类,指出下列有机化合物的类别。

（1）$CH_3-\overset{\overset{O}{\parallel}}{C}-H$　　　（2）$CH_2=CH_2$　　　（3）CH_3-CH_2-OH

（4）$\bigcirc\!\!\!-\overset{\overset{O}{\parallel}}{C}-OH$　　　（5）$\bigcirc\!\!\!-NH_2$

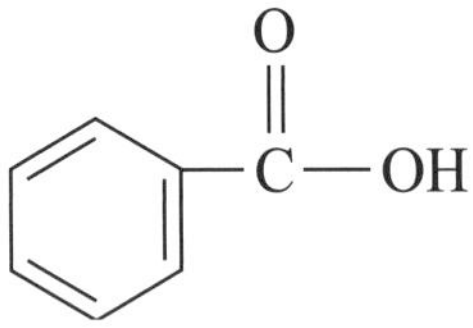

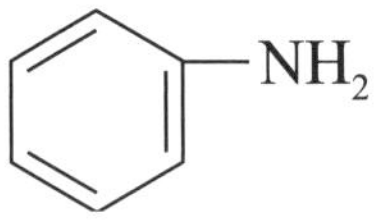

章末小结

项目	内容
有机化合物的概念	碳氢化合物及其衍生物
有机化合物的特性	可燃性、熔点较低、难溶于水易溶于有机溶剂、稳定性差、反应速度慢、反应产物复杂、导电性差

项目	内容
有机化合物的结构	①分子中原子间大多以共价键相结合 ②分子中碳原子间可以自相结合形成单键、双键和三键 ③同分异构现象非常普遍
有机化合物的分类	按碳的骨架和官能团两种方法进行分类

（李　晖）

 思考与练习

一、填空题

1. 有机化合物指＿＿＿＿＿＿＿＿＿＿＿＿＿＿。

2. 在有机化合物中,碳原子既可以与＿＿＿＿＿形成共价键,也可以相互成键。2个碳原子之间可以形成的共价键的类型有＿＿＿＿键、＿＿＿＿键和＿＿＿＿键;多个碳原子可以相互结合,形成的碳骨架的类型有＿＿＿＿和＿＿＿＿。

3. 能决定有机化合物＿＿＿＿的原子或基团称为官能团。

4. 加油站内严禁烟火,这是因为＿＿＿＿＿＿＿＿＿＿。

5. 衣服上不小心沾有油污,用水洗不掉,但可用汽油洗去,这是因为大多数有机化合物难溶于＿＿＿＿,易溶于＿＿＿＿。

6. 有机化合物有两种分类方法:一是按＿＿＿＿分类;二是按＿＿＿＿分类。

二、简答题

1. 下面结构式正确吗？不正确的结构式,指出其原因;正确的结构式,将其改写成结构简式。

2. 分别写出下列有机化合物分子可能存在的结构式、结构简式。

$$CH_4 \qquad C_2H_6 \qquad C_3H_8$$

第二章 | 烃

02章 数字资源

 导入案例

我国中西部地区天然气资源丰富,我国东部沿海地区经济实力强,发展速度快,天然气需求市场广阔。"西气东输"工程,为将西部地区的资源优势变为经济优势创造了条件,促进了我国能源结构和产业结构调整,带动了区域经济共同发展,促进了环境状况的改善。

请思考:

天然气的主要成分是什么?你能写出它的分子式并判断出它属于哪一类物质吗?

仅由碳和氢两种元素组成的化合物,称为碳氢化合物,简称**烃**。烃分子中的氢原子被其他原子或基团取代后,可衍生出一系列有机化合物,因此,可以把烃看作是有机化合物的母体,是最简单的一类有机化合物。根据烃的结构不同,其可分为以下几类:

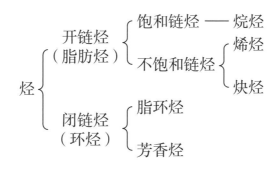

第一节　饱　和　链　烃

　　分子中碳原子间以碳碳单键结合成链状,碳原子剩余的价键全部与氢原子相结合,这样的开链烃,称为饱和链烃,简称**烷烃**。

一、甲　　烷

　　甲烷是最简单的烷烃,在自然界的分布很广。天然气、沼气、煤矿坑道气及海底可燃冰的主要成分都是甲烷。

　　甲烷的分子式为 CH_4,甲烷分子中的碳原子与 4 个氢原子构成 1 个正四面体的立体结构,碳原子位于正四面体的中心,4 个氢原子分别位于正四面体的 4 个顶点,4 个碳氢键的夹角为 109° 28′,甲烷的结构模型和立体结构示意图见图 2-1。

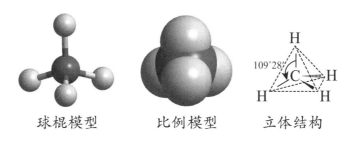

球棍模型　　　比例模型　　　立体结构

图 2-1　甲烷的结构模型和立体结构

二、烷烃的结构和命名

（一）烷烃的结构

　　1. 烷烃的同系列　直链烷烃的碳链在空间的排列,绝大多数是锯齿形,通常为书写方便,将结构式写成直链的形式。如乙烷(C_2H_6)、丙烷(C_3H_8)、丁烷(C_4H_{10})分子的球棍模型见图 2-2,它们的结构式、结构简式分别为：

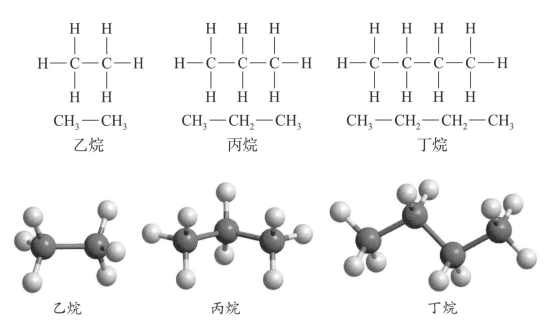

图 2-2　几种烷烃的球棍模型

烷烃分子中碳原子数有多有少,有 1 个碳原子的甲烷,也有十几个、几十个甚至上百个碳原子的烷烃。表 2-1 中列出了几种烷烃的分子式和结构简式。

表 2-1　几种烷烃的分子式和结构简式

名称	分子式	结构简式	相邻组成差
甲烷	CH_4	CH_4	CH_2
乙烷	C_2H_6	CH_3CH_3	CH_2
丙烷	C_3H_8	$CH_3CH_2CH_3$	CH_2
丁烷	C_4H_{10}	$CH_3CH_2CH_2CH_3$	CH_2
戊烷	C_5H_{12}	$CH_3CH_2CH_2CH_2CH_3$	CH_2
……	……	……	……

可以看出,各烷烃之间结构相似,分子组成上相差 1 个或若干个 CH_2 基团。像这样**结构相似,分子组成上相差 1 个或若干个 CH_2 基团的一系列化合物,称为同系**。同系列中的化合物互称为**同系物**。同系物化学性质相似,物理性质随碳原子数的增加呈现出有规律的变化。

如果烷烃中的碳原子数为 n,氢原子数则为 $2n+2$,烷烃通式为 C_nH_{2n+2}。

2. 烷烃的同分异构　同分异构现象在烷烃中普遍存在,烷烃的同分异构主要是碳链异构,**碳链异构指由于碳骨架不同引起的同分异构现象**。随着碳原子数增多,烷烃同分异构体的数目迅速增多。如丁烷(C_4H_{10})有 2 种异构体,戊烷(C_5H_{12})有 3 种异构体,己烷(C_6H_{14})有 5 种异构体,庚烷(C_7H_{16})有 9 种异构体,癸烷($C_{10}H_{22}$)有 75 种异构体,十二烷($C_{12}H_{26}$)有355种异构体。戊烷(C_5H_{12})的3种异构体分别为：

$$CH_3{-}CH_2{-}CH_2{-}CH_2{-}CH_3 \qquad CH_3{-}\overset{\underset{\displaystyle |}{CH_3}}{CH}{-}CH_2{-}CH_3 \qquad CH_3{-}\overset{\overset{\displaystyle CH_3}{\displaystyle |}}{\underset{\underset{\displaystyle CH_3}{\displaystyle |}}{C}}{-}CH_3$$

正戊烷   异戊烷   新戊烷

从戊烷的异构体结构中可以看出，碳原子在碳链中所处的位置不同，它们连接的碳原子数和氢原子数也有可能不同。按照分子中碳原子直接相连的其他碳原子的数目，可将碳原子分为伯、仲、叔、季碳原子。

伯碳：只与1个碳原子直接相连的碳原子，也称为一级碳原子，用1°表示。

仲碳：与2个碳原子直接相连的碳原子，也称为二级碳原子，用2°表示。

叔碳：与3个碳原子直接相连的碳原子，也称为三级碳原子，用3°表示。

季碳：与4个碳原子直接相连的碳原子，也称为四级碳原子，用4°表示。

例如：

$$\overset{1°}{CH_3}{-}\overset{3°}{\underset{\underset{1°}{\underset{|}{CH_3}}}{CH}}{-}\overset{2°}{CH_2}{-}\overset{4°}{\overset{\overset{1°}{\overset{CH_3}{|}}}{\underset{\underset{1°}{\underset{CH_3}{|}}}{C}}}{-}\overset{1°}{CH_3}$$

伯、仲、叔碳原子上的氢原子，分别称为伯、仲、叔氢原子。不同类型氢原子的相对反应活性不同。

（二）烷烃的命名

烃分子失去1个氢原子后剩余的基团称为烃基，常用"R—"表示。命名烃基时，把相应烷烃名称中的"烃"字改为"基"字。例如：

$$-CH_3 \qquad CH_3CH_2- \qquad CH_3CH_2CH_2- \qquad CH_3{-}\overset{\underset{\underset{CH_3}{|}}{}}{CH}{-}$$

甲基   乙基   丙基   异丙基

烷烃的命名有普通命名法和系统命名法。

1. 普通命名法 普通命名法适用于结构比较简单的烷烃。普通命名法的基本原则：

（1）根据烷烃分子中所含碳原子数目称为"某烷"。烷烃分子中碳原子数在10个以内的，用天干（甲、乙、丙、丁、戊、己、庚、辛、壬、癸）表示碳原子的个数，碳原子数在10个以上的用中文数字十一、十二……表示。例如：

    CH_4（甲烷） C_3H_8（丙烷） C_9H_{20}（壬烷） $C_{18}H_{38}$（十八烷）

（2）异构体可以用"正、异、新"区分。直链烷烃称为"正某烷"；把碳链一端第2位碳原子上连1个甲基,此外再无其他取代基的烷烃,按分子中碳原子总数称为"异某烷";若碳链一端第2位碳原子上同时连2个甲基,此外再无其他取代基的烷烃,按分子中碳原子总数称为"新某烷"。例如:

$$CH_3{-}CH_2{-}CH_2{-}CH_2{-}CH_3 \qquad CH_3{-}\underset{\underset{CH_3}{|}}{CH}{-}CH_2{-}CH_3 \qquad CH_3{-}\underset{\underset{CH_3}{|}}{\overset{\overset{CH_3}{|}}{C}}{-}CH_3$$

正戊烷   异戊烷   新戊烷

2. 系统命名法　系统命名法的原则与步骤:

(1)选主链(母体):选择含碳原子数最多的碳链作为主链,若有多条等长主链,则选含支链最多者。根据主链碳原子数目称为"某烷"。例如:

$$CH_3{-}CH_2{-}\underset{\underset{CH_3}{|}}{CH}{-}CH_3 \qquad \overset{\text{×}\dashedrule}{\underset{\sqrt{}}{CH_3{-}CH_2{-}\underset{\underset{\underset{CH_3}{|}}{CH{-}CH_3}}{\underset{|}{CH}}{-}CH_2{-}CH_3}}$$

(2)编号:从靠近取代基的一端,用阿拉伯数字给主链碳原子编号,以确定取代基位次,编号应使取代基位次和最小;如有2个不同的取代基位于相同位次时,按次序规则中排列小的取代基应具有较小的编号;当2个相同取代基位于相同位次时,应使第三个取代基的位次尽可能小。例如:

$$\overset{4}{CH_3}{-}\overset{3}{CH_2}{-}\underset{\underset{CH_3}{|}}{\overset{2}{CH}}{-}\overset{1}{CH_3} \qquad \overset{5}{CH_3}{-}\overset{4}{CH_2}{-}\underset{\underset{\underset{\overset{1}{CH_3}}{|}}{\overset{2}{CH}{-}CH_3}}{\overset{3}{CH}}{-}\overset{}{CH_2}{-}CH_3$$

$$\overset{1}{CH_3}{-}\overset{2}{CH_2}{-}\underset{\underset{CH_3}{|}}{\overset{3}{CH}}{-}\overset{4}{CH_2}{-}\underset{\underset{C_2H_5}{|}}{\overset{5}{CH}}{-}\overset{6}{CH_2}{-}\overset{7}{CH_3}$$

$$\overset{1}{CH_3}{-}\underset{\underset{CH_3}{|}}{\overset{2}{CH}}{-}\overset{3}{CH_2}{-}\underset{\underset{CH_3}{|}}{\overset{4}{CH}}{-}\overset{5}{CH_2}{-}\overset{6}{CH_2}{-}\underset{\underset{CH_3}{|}}{\overset{7}{CH}}{-}\overset{8}{CH_3}$$

(3)命名:主链为母体化合物,如连有多个取代基,各取代基位次都应用数字标出,取代基位次与名称之间用半字线"-"连接,写在母体化合物名称前面;多个相同取代基,依次写出取代基的位次,用","隔开,用二、三、四等中文数字表明取代基数目与取代基名称合并写在母体化合物名称之前,位次与中文数字之间用半字线连接;若取代基不同,简单的写在前面，复杂的写在后面。例如：

$$CH_3 - CH_2 - \overset{2}{\underset{\underset{CH_3}{|}}{CH}} - \overset{1}{CH_3}$$
$$\overset{4}{CH_3}$$

2-甲基丁烷

$$\overset{5}{CH_3} - \overset{4}{CH_2} - \overset{3}{\underset{\underset{\underset{\underset{CH_3}{1}}{CH-CH_3}}{2}}{CH}} - CH_2 - \overset{3}{CH_3}$$

2-甲基-3-乙基戊烷

$$\overset{1}{CH_3} - \overset{2}{\underset{\underset{CH_3}{|}}{CH}} - \overset{3}{CH_2} - \overset{4}{\underset{\underset{CH_3}{|}}{CH}} - \overset{5}{CH_2} - \overset{6}{CH_2} - \overset{7}{\underset{\underset{CH_3}{|}}{CH}} - \overset{8}{CH_3}$$

2, 4, 7-三甲基辛烷

$$\overset{1}{CH_3} - \overset{2}{CH_2} - \overset{3}{\underset{\underset{CH_3}{|}}{CH}} - \overset{4}{CH_2} - \overset{5}{\underset{\underset{C_2H_5}{|}}{CH}} - \overset{6}{CH_2} - \overset{7}{CH_3}$$

3-甲基-5-乙基庚烷

学与练

写出结构简式，并用系统命名法命名。

（1）C_5H_{12} 仅含有伯氢，没有仲氢和叔氢的。

（2）C_5H_{12} 仅含有 1 个叔氢的。

（3）C_5H_{12} 仅含有伯氢和仲氢的。

三、烷烃的性质

烷烃同系物的物理性质随分子中碳原子数的递增呈现出有规律的变化，在室温和常压下，正烷烃中 $C_1 \sim C_4$ 的烷烃为气体，$C_5 \sim C_{17}$ 的烷烃为液体，C_{18} 以上的高级正烷烃为固体。烷烃难溶于水，易溶于氯仿、乙醚等有机溶剂。

烷烃同系物的化学性质相似。烷烃化学性质一般比较稳定，在室温下，烷烃与强酸、强碱、强氧化剂、强还原剂一般都不发生反应。但在适宜反应条件（如光照、高温或催化剂）下，也能发生一些反应。

（一）氧化反应

烷烃在点燃的条件下，生成二氧化碳和水，并放出大量的热量。例如：

$$CH_4 + 2O_2 \xrightarrow{\text{燃烧}} CO_2 + 2H_2O + Q$$

（二）取代反应

烷烃在光照、高温或催化剂作用下，可与卤素单质发生反应。如甲烷能与氯气发生反应，分子中的氢原子可以逐个被氯原子替代，生成一系列产物。

$$CH_4 + Cl_2 \xrightarrow{\text{光照}} CH_3Cl + HCl$$

$$CH_3Cl + Cl_2 \xrightarrow{\text{光照}} CH_2Cl_2 + HCl$$

$$CH_2Cl_2 + Cl_2 \xrightarrow{\text{光照}} CHCl_3 + HCl$$

$$CHCl_3 + Cl_2 \xrightarrow{\text{光照}} CCl_4 + HCl$$

有机化合物分子中的某些原子或基团，被其他原子或基团所替代的反应，称为取代反应。 被卤素原子替代的反应，称为**卤代反应。**

三氯甲烷（俗称氯仿）、四氯化碳都是常用有机溶剂。四氯化碳还是一种高效灭火剂。

 知识链接

医药领域常见的烷烃

液体石蜡的主要成分是含18～24个碳原子的烷烃混合物，为无色透明的油状液体，室温下无臭无味，不溶于水和乙醇。液体石蜡在肠内不被消化，吸收极少，对肠壁和粪便起润滑作用，使排便顺利，可用作泻药。此外可做药用辅料、润滑剂和软膏基质等。

凡士林是从石油中得到的含18～22个碳原子的烷烃混合物，多为黄色软膏状半固体，不溶于水和乙醇。由于凡士林的化学性质稳定，不易与药物发生化学反应，且不被皮肤吸收，与皮肤接触有滑腻感，所以在医药上常用作软膏类药物的基质。

正己烷为有微弱特殊气味无色液体，具有高挥发性。正己烷有一定的毒性，长期接触会对神经系统造成损害。正己烷在工业上主要用作溶剂。

第二节　不饱和链烃

分子中含有碳碳双键或碳碳三键的链烃称为不饱和链烃，简称为**不饱和烃**。不饱和链烃分为烯烃和炔烃。

一、烯　烃

分子中含有碳碳双键的不饱和链烃称为烯烃。碳碳双键($\diagdown$C$=$C$\diagup$)是烯烃的官能团。

（一）烯烃的结构

1. 乙烯　乙烯是最简单的烯烃,分子式为 C_2H_4,结构简式为$CH_2=CH_2$,乙烯分子中的 2 个碳原子和 4 个氢原子都处于同一平面上,为平面型分子。乙烯的结构模型和立体结构见图 2-3。

球棍模型　　　　比例模型　　　　立体结构

图 2-3　乙烯的结构模型和立体结构

乙烯是无色的气体,稍带甜香气味,有麻醉作用,难溶于水。少量乙烯存在于植物体中能减慢植物的生长,促进果实成熟,可用作水果的催熟剂。

2. 烯烃的同系列　除乙烯外,还有一系列与乙烯结构相似,分子组成上相差 1 个或若干个 CH_2 基团的化合物,即烯烃的同系列,互称为同系物。含有 1 个碳碳双键的开链烯烃比含有相同碳原子数的烷烃少 2 个氢原子,其通式为 C_nH_{2n}($n\geqslant2$)。

（二）烯烃的同分异构

乙烯和丙烯都没有同分异构体,从丁烯起有同分异构现象。烯烃的同分异构现象比烷烃复杂,除碳链异构外,还有位置异构和顺反异构。

1. 碳链异构　含 4 个以上碳原子的烯烃开始出现碳链的多种连接方式,即碳链异构。例如:

$$CH_2=CH-CH_2-CH_3$$

$$\begin{array}{c} CH_2=C-CH_3 \\ | \\ CH_3 \end{array}$$

1-丁烯　　　　　　　　　　　　　　　　2-甲基-1-丙烯

2. 位置异构　由于碳碳双键等官能团在碳链上的位置不同而产生的同分异构称为位置异构。例如:

$$CH_2=CH-CH_2-CH_3 \qquad\qquad CH_3-CH=CH-CH_3$$

1-丁烯　　　　　　　　　　　　　　　　2-丁烯

3. 顺反异构　碳碳双键碳原子上分别连接不同的原子或基团时,这些原子或基团在双键碳原子上不同的空间排列方式称为顺反异构。一般把相同原子或基团在碳碳双键同侧的称为顺式,相同原子或基团在碳碳双键异侧的称为反式。例如:

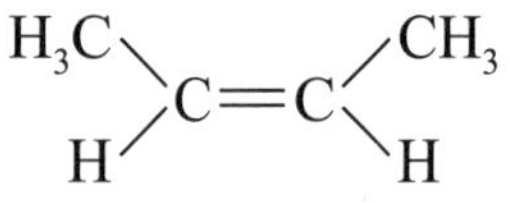

顺-2-丁烯 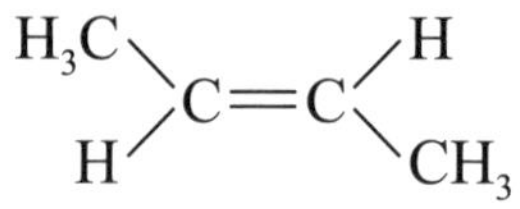　　　　　　　　　反-2-丁烯

并不是所有的烯烃都能产生顺反异构,只有当 2 个双键碳原子上分别连接不同的原子或基团时才有顺反异构现象。

(三)烯烃的命名

烯烃的系统命名与烷烃相似,由于烯烃结构中存在碳碳双键,所以命名时优先考虑双键。

1. 选主链　选择含碳碳双键的最长碳链为主链,按主链碳原子数称为"某烯",多于 10 个碳的烯烃在中文数字后加"碳烯"。

2. 编号　从靠近碳碳双键的一端给主链碳原子依次编号,兼顾取代基具有较低位次;以双键碳原子编号较小的数字表示双键的位次,写在"某烯"的前面并用半字线隔开。如果双键在 1 号位,"1"字也可忽略不写。

3. 命名　把取代基的位次、数目和名称写在双键位次之前并用半字线隔开,在烯烃母体名称之前标明双键的位次并用半字线隔开。例如:

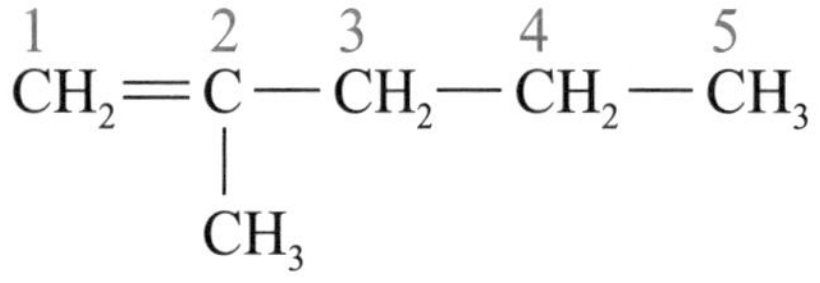

2-甲基-1-戊烯 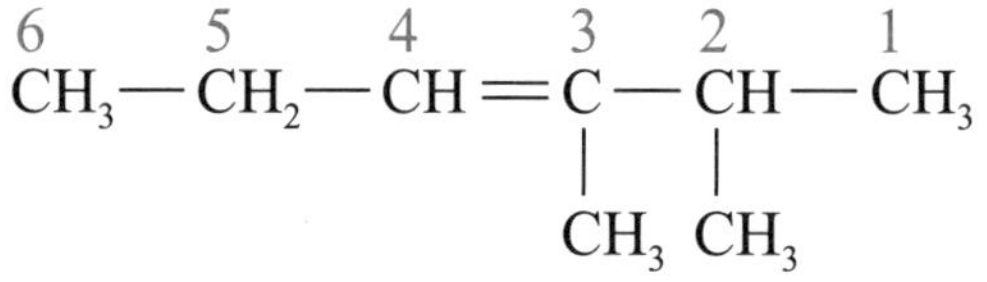　　　　　　　2,3-二甲基-3-己烯

4. 顺反异构体的命名需在烯烃名称前加上"顺"或"反"表示构型。例如:

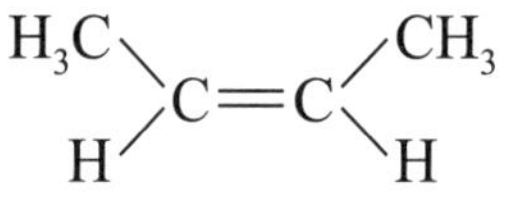

顺-2-丁烯 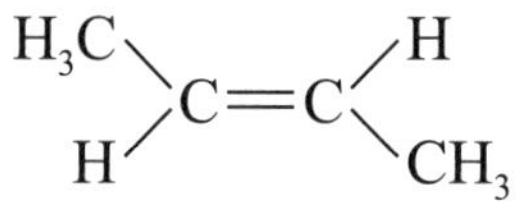　　　　　　　　　反-2-丁烯

学与练

写出丁烯的所有同分异构体并对其进行系统命名。

二、炔　烃

分子中含有碳碳三键的不饱和链烃称为炔烃。碳碳三键(—C≡C—)是炔烃的官能团。

(一)炔烃的结构

1. 乙炔　乙炔是最简单的炔烃,分子式为 C_2H_2,结构简式为(HC≡CH),乙炔的结构模型和立体结构见图 2-4。

| 球棍模型 | 比例模型 | 立体结构 |

图 2-4 乙炔的结构模型和立体结构

乙炔分子中的 2 个碳原子和 2 个氢原子在同一直线上,为直线型分子。

乙炔又称为电石气,纯净的乙炔是无色、无臭的气体,微溶于水,易溶于有机溶剂,尤其在丙酮中溶解度很大。由电石生成的乙炔常因混有硫化氢、磷化氢而带有特殊的臭味。

2. 炔烃的同系列 除乙炔外,还有一系列与乙炔结构相似,分子组成上相差 1 个或若干个 CH_2 基团的化合物,为炔烃的同系列,互称为同系物。炔烃的通式为 C_nH_{2n-2} ($n \geq 2$)。

(二)炔烃的同分异构

炔烃的同分异构除了**碳链异构**外,还有因碳碳三键在碳链中位置不同引起的**位置异构**。炔烃无顺反异构现象,其三键碳原子处也不能形成支链。故与含有相同碳原子数的烯烃相比,炔烃的异构体数目相对较少。如丁炔(C_4H_6)只有 2 种位置异构体。

$$HC \equiv C - CH_2 - CH_3 \qquad\qquad CH_3 - C \equiv C - CH_3$$

1-丁炔   2-丁炔

(三)炔烃的命名

炔烃的系统命名与烯烃相似,只需将烯烃母体名称中的"烯"字换为"炔"字即可。选择含碳碳三键的最长碳链做主链,从靠近碳碳三键的一端开始编号。例如:

$$CH_3 - C \equiv C - CH_2 - CH_3 \qquad\qquad HC \equiv C - \underset{\underset{CH_3}{|}}{CH} - CH_3$$

2-戊炔   3-甲基-1-丁炔

知识拓展

不饱和链烃在医药领域的应用

直接用于医药的不饱和链烃比较少,但具有烯烃结构(碳碳双键)和炔烃结构(碳碳三键)的有机化合物在医药领域十分常见。如角鲨烯胶丸是结构中存在烯烃结构的药物,为辅助治疗药,可用于改善心脑血管病的缺氧状态,亦可用于高胆固醇血症和放疗、化疗引起的白细胞减少症。炔雌醇片是具有炔烃结构的药物，可补充雌激素不足，治疗女性性腺功能不良、闭经、更年期综合征等；也用于晚期乳腺癌（绝经期后妇女）、晚期前列腺癌的治疗；与孕激素类药合用，能抑制排卵，可用作避孕药。

三、不饱和链烃的性质

常温常压下，$C_2 \sim C_4$ 的烯烃为气体，$C_5 \sim C_{18}$ 的烯烃为液体，C_{19} 以上的烯烃为固体。烯烃难溶于水，易溶于有机溶剂。$C_2 \sim C_4$ 的炔烃为气体，$C_5 \sim C_{15}$ 的炔烃为液体，C_{16} 以上的炔烃为固体。炔烃也难溶于水，易溶于有机溶剂。

不饱和链烃分子中的碳碳双键或碳碳三键不是 2 个或 3 个碳碳单键的简单加和，其中有的键易断裂，所以碳碳双键或碳碳三键不如碳碳单键稳定，故烯烃和炔烃的化学性质比较活泼，容易发生加成反应、氧化反应和聚合反应。

（一）加成反应

有机化合物分子中双键或三键断裂，加上其他原子或基团生成新物质的反应，称为加成反应。

1. 与氢气加成　在铂（Pt）、钯（Pd）、镍（Ni）等催化剂的催化作用下，烯烃和炔烃都能与氢气发生加成反应，生成相应的烷烃。例如：

$$CH_3-CH=CH_2 + H-H \xrightarrow{Pt} CH_3-CH_2-CH_3$$

$$HC\equiv CH + 2H-H \xrightarrow{Pt} CH_3-CH_3$$

2. 与卤素加成　烯烃和炔烃都能与氯、溴等发生加成反应，生成卤代烃。例如：

$$CH_2=CH_2 + Br-Br \longrightarrow \underset{\substack{|\\Br}}{CH_2}-\underset{\substack{|\\Br}}{CH_2}$$

1, 2-二溴乙烷

$$CH_3-C\equiv CH + 2Br-Br \longrightarrow CH_3-\underset{\substack{|\\Br}}{\overset{\substack{Br\\|}}{C}}-\underset{\substack{|\\Br}}{\overset{\substack{Br\\|}}{CH}}$$

1, 1, 2, 2-四溴丙烷

烯烃、炔烃都能与溴水或溴的四氯化碳溶液发生加成反应，使溴的红棕色消失，常用于鉴别不饱和链烃的存在。但炔烃反应速度比烯烃慢。

3. 与卤化氢加成　不饱和链烃都能与卤化氢反应，生成卤代烃。例如：

$$CH_2=CH_2 + HBr \longrightarrow CH_3-CH_2Br$$

溴乙烷

当不对称烯烃与卤化氢发生加成反应时，卤化氢分子中的氢原子总是加到双键中含氢较多的碳原子上，卤原子加到双键中含氢较少的碳原子上，这个规律称为马尔科夫尼科夫规则，简称马氏规则。例如：

$$CH_3-CH=CH_2 + HBr \longrightarrow CH_3-\underset{\underset{Br}{|}}{CH}-CH_3$$

丙烯　　　　　　　　　　　　　2-溴丙烷

炔烃与卤化氢的加成反应分两步进行，反应也遵循马氏规则。例如：

$$HC\equiv CH + HCl \xrightarrow[H_2SO_4]{HgCl_2} CH_2=CHCl \xrightarrow{HCl} CH_3-CHCl_2$$

氯乙烯　　　　　　1,1-二氯乙烷

4. 与水加成　在酸的催化下，烯烃可与水加成生成醇，工业上常用此方法制备相对分子质量较低的醇。不对称烯烃与水加成遵循马氏规则。例如：

$$CH_3-CH=CH_2 + HOH \xrightarrow{H_2SO_4} CH_3-\underset{\underset{OH}{|}}{CH}-CH_3$$

2-丙醇

炔烃在汞盐（如硫酸汞）的催化下，也能与水发生加成反应。例如：

$$HC\equiv CH + HOH \xrightarrow[稀H_2SO_4]{HgSO_4} \left[CH_2=\underset{\underset{OH}{|}}{CH} \right] \xrightarrow{重排} CH_3-\underset{\underset{O}{\|}}{C}-H$$

乙醛

不对称炔烃与水的加成反应,同样遵循马氏规则。例如:

$$CH_3-C\equiv CH + HOH \xrightarrow[\text{稀}H_2SO_4]{HgSO_4} \left[CH_3-\underset{OH}{\overset{|}{C}}=CH_2\right] \xrightarrow{\text{重排}} CH_3-\underset{\parallel O}{\overset{}{C}}-CH_3$$

丙酮

(二)氧化反应

不饱和链烃分子中含有碳碳双键或碳碳三键,很容易被酸性 $KMnO_4$ 溶液氧化,使 $KMnO_4$ 溶液褪色。利用此性质可以鉴别烷烃和不饱和链烃。例如:

$$RCH=CH_2 \xrightarrow{KMnO_4/H^+} RCOOH + CO_2$$
羧酸

$$CH_3C\equiv CH \xrightarrow{KMnO_4/H^+} CH_3COOH + CO_2$$
丙炔　　　　　　　　　　乙酸

另外,烯烃、炔烃和烷烃一样,都能在空气中燃烧,生成二氧化碳和水,并放出热量。例如:

$$C_2H_4 + 3O_2 \xrightarrow{\text{燃烧}} 2CO_2 + 2H_2O + Q$$

$$2C_2H_2 + 5O_2 \xrightarrow{\text{燃烧}} 4CO_2 + 2H_2O + Q$$

(三)聚合反应

在一定条件下,烯烃或炔烃还能发生自身加成,生成大分子化合物。这种**由许多小分子化合物聚合成大分子化合物的反应称为聚合反应**。参加聚合反应的小分子称为**单体**。聚合后得到的产物称为**聚合物**。例如:

$$nCH_2=CH_2 \xrightarrow{\text{催化剂}} \left[CH_2-CH_2\right]_n$$
乙烯　　　　　　　　　　聚乙烯

$$HC\equiv CH + HC\equiv CH \xrightarrow{CuCl_2\cdot NH_4Cl} CH_2=CHC\equiv CH$$
乙炔　　　　　　　　　　　　　　乙烯基乙炔

 知识链接

用于食品包装的塑料

常见的适用于食品包装的塑料是以乙烯或丙烯为单体聚合而成的高分子化合物,称为聚乙烯或聚丙烯。聚乙烯是一种透明柔韧的塑料,无臭、无毒。化学稳定性好,常温下不溶于一般溶剂,吸水性小,电绝缘性能优良,可用于制作医疗器械,如注射器、输血输液用具、药剂容器、化验室和手术室用品等。聚丙烯的塑料薄膜强度及透明度较高,可用于制造食品塑料袋,也可以加工成既耐低温又耐高温的食品容器,如保鲜盒和供微波炉使用的容器等。

由聚氯乙烯制成的塑料袋不能用来包装食品。通常情况下,还应注意不使用再生塑料制成的塑料袋包装食品。为减少对环境的污染,我们应尽量少用或不使用一次性薄膜塑料袋。

(四)金属炔化物的生成

凡是具有—C≡CH结构的炔烃,三键碳原子连接的氢原子性质活泼,可以被一些金属离子取代。如将乙炔通入硝酸银氨溶液或氯化亚铜氨溶液中,可生成白色的乙炔银或红棕色的乙炔亚铜沉淀。

$$HC \equiv CH + 2[Ag(NH_3)_2]NO_3 \longrightarrow AgC \equiv CAg \downarrow + 2NH_4NO_3 + 2NH_3 \uparrow$$
　　　　硝酸银氨溶液　　　　　　　乙炔银(白色)

$$HC \equiv CH + 2[Cu(NH_3)_2]Cl \longrightarrow CuC \equiv CCu \downarrow + 2NH_4Cl + 2NH_3 \uparrow$$
　　　　氯化亚铜氨溶液　　　　　　　乙炔亚铜(红棕色)

上述反应的灵敏度很高,常用于乙炔及RC≡CH类型炔烃的鉴别。三键上无氢的炔烃不能发生此反应。需要注意的是,干燥的金属炔化物在受热或受震动时易发生爆炸,因此,实验结束后应及时加入稀硝酸将其分解,避免发生危险。

 学与练

请用化学法鉴别下列各组化合物。
(1)丙烷和丙烯　　　　　　　　(2)乙烯和乙炔

第三节　闭　链　烃

一、脂　环　烃

脂环烃是一类性质和脂肪烃相似的闭链烃。脂环烃分为饱和脂环烃和不饱和脂环烃。

分子中只有1个碳环的饱和脂环烃(环烷烃),其分子组成可用通式C_nH_{2n}($n \geq 3$)表示,与碳原子数相同的单烯烃互为同分异构体。环烷烃的命名以烷烃名称为基础,只需在烷烃名称前加上"环"字,称为"环某烷"。环上含有取代基时,对成环碳原子按顺时针或逆时针顺序依次编号,并将取代基的位次名称写在"环某烷"之前。例如:

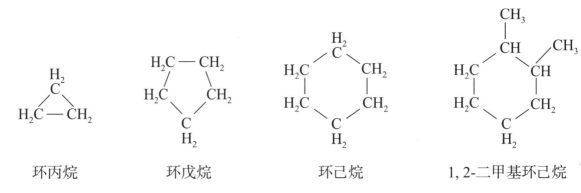

环丙烷　　　　环戊烷　　　　环己烷　　　1,2-二甲基环己烷

为了手写方便,常用键线式表示环烷烃的结构。例如:

环丙烷　　　　环戊烷　　　　环己烷　　　1,2-二甲基环己烷

具有五、六元环的脂环烃,环比较稳定,所以自然界存在许多具有五、六元环结构的有机化合物。

含双键的不饱和脂环烃称为环烯烃。例如:

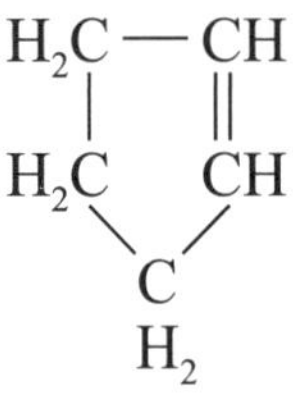

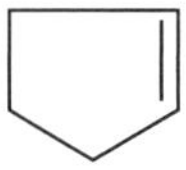

环戊烯　　　　　　　　　　　　环戊二烯

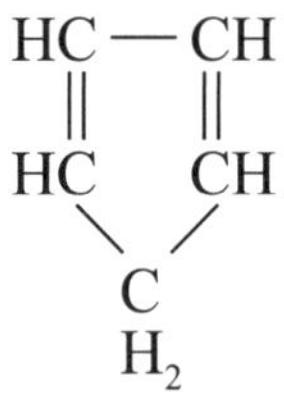

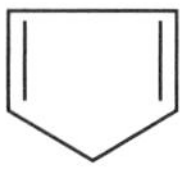

脂环烃及其衍生物广泛存在于自然界中。石油中含有多种环烷烃,植物香精油含有大量不饱和脂环烃及其含氧衍生物。

知识链接

医药领域常见的脂环烃

自然界中存在的许多脂环烃及其衍生物,在医药领域有广泛应用。例如:

青蒿素为一种含有脂环结构的萜类化合物。

β胡萝卜素是一种同时具有烯烃结构和环烃结构的橘黄色脂溶性烃类化合物。在胡萝卜及其他水果或蔬菜中大量存在。在人体中,β胡萝卜素可转变成维生素 A。维生素A 是脂溶性维生素,人体缺乏维生素 A 容易造成夜盲症、眼干燥症、角膜软化症和皮肤粗糙等。故β胡萝卜素有很高的药理学及营养学价值。

松节油是松针科树类的含油树脂，为无色至微黄色的澄清液体，臭特异。其主要成分中含有 α 蒎烯和 β 蒎烯。蒎烯也是同时具有烯烃结构和脂环结构的烃。临床上可用于减轻肌肉、关节、神经及扭伤引起的疼痛等。

二、芳 香 烃

分子中含有 1 个或多个苯环结构的闭链烃，称为芳香烃，简称为芳烃。因最初是从天然香树脂、香精油中提取的这类化合物具有芳香气味而得名，后来发现的许多这类化合物并无芳香气味，但仍沿用芳香烃的名称。大量的芳烃可从煤和石油中提取，是重要的化工原料，可用于合成染料、农药、医药等。**芳香烃分单环芳烃、非稠环多环芳烃和稠环芳烃**。

（一）苯

苯是最简单的芳烃，分子式为 C_6H_6。苯分子中 6 个碳原子和 6 个氢原子都位于同一平面，为正六边形的平面型分子。苯分子中碳碳键既不同于碳碳单键，也不同于碳碳双键，而是介于单、双键之间的一种特殊的环状闭合共价键，碳碳键平均键长介于单、双键之间，键角都是 120°，苯的结构模型见图 2-5。

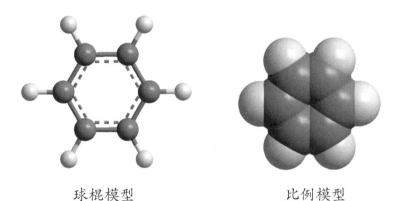

球棍模型　　　　　　　　比例模型

图 2-5　苯的结构模型

苯的结构式和结构简式为：

结构式　　　　　　　　　结构简式

（二）苯的同系物的命名

苯分子中的1个或几个氢原子被烷基取代后得到烷基苯，通常称为苯的同系物。其通式为 C_nH_{2n-6}（$n \geqslant 6$）。

1. 一元取代苯　一元取代苯以苯环为母体，侧链烷基作取代基，称为"某基苯"，简称"某苯"。例如：

| 甲苯 | 乙苯 |

2. 二元取代苯　二元取代苯以苯环为母体，侧链烷基作取代基，给苯环上的碳原子编号，编号原则为所有取代基位次之和最小。当苯环上有2个相同取代基时，也可用"邻、间、对"表示。例如：

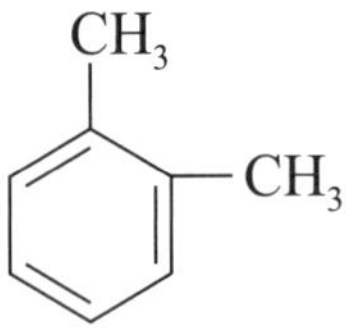

1, 2-二甲苯　　　　1, 3-二甲苯　　　　1, 4-二甲苯
（邻二甲苯）　　　（间二甲苯）　　　（对二甲苯）

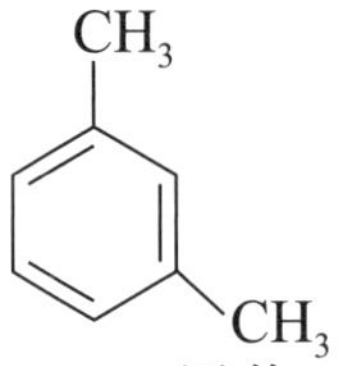

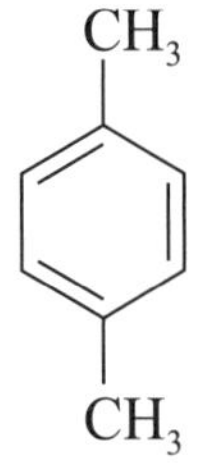

3. 三元取代苯　三元取代苯以苯环为母体，侧链烷基作取代基，给苯环上的碳原子编号，编号原则为所有取代基位次之和最小。当苯环上有3个相同取代基时，也可用"连、偏、均"表示。例如：

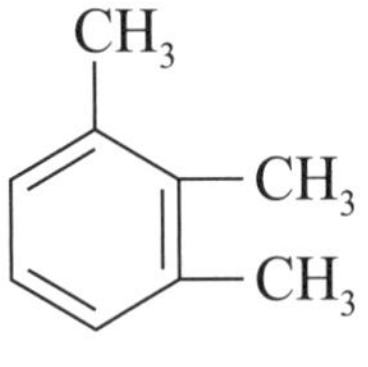

1, 2, 3-三甲苯　　　1, 2, 4-三甲苯　　　1, 3, 5-三甲苯
（连三甲苯）　　　（偏三甲苯）　　　（均三甲苯）

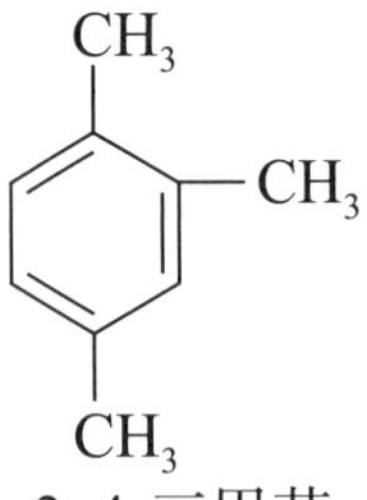

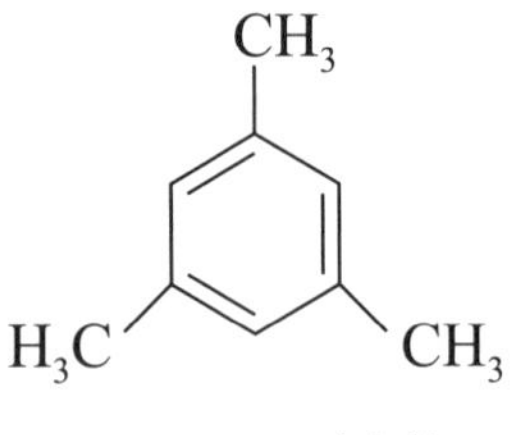

芳香烃分子中去掉1个氢原子，剩余部分称为**芳香烃基**，简称**芳基**，通常用"Ar —"表示。最简单的芳基是苯基。从甲苯侧链的甲基上去掉1个氢原子后得到的基团称为苯甲基（苄基）。许多药物都含有苯甲基。

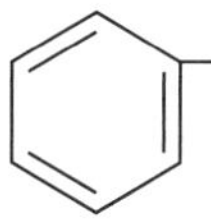 或$C_6H_5—$　　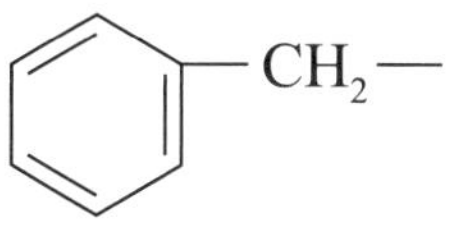 或$C_6H_5—CH_2—$

苯基　　苯甲基（苄基）

（三）苯及其同系物的性质

苯为无色、带有特殊气味的液体，密度比水小，难溶于水，可溶于醚、醇等有机溶剂。苯具有致癌性，可通过皮肤和呼吸道进入人体。简单芳烃在常温下一般也为液体，具有特殊的气味，也具有不同程度的毒性。

苯的化学性质比较稳定，一般情况下，苯不易发生加成反应和氧化反应。但在特定情况下，苯也可以发生取代反应和加成反应。苯及其同系物的化学反应主要发生在苯环上，通常表现为难加成、难氧化、易取代的芳香性。

1. 取代反应

（1）卤代反应：苯在铁粉或卤化铁催化作用下与氯或溴反应可生成氯苯或溴苯。例如：

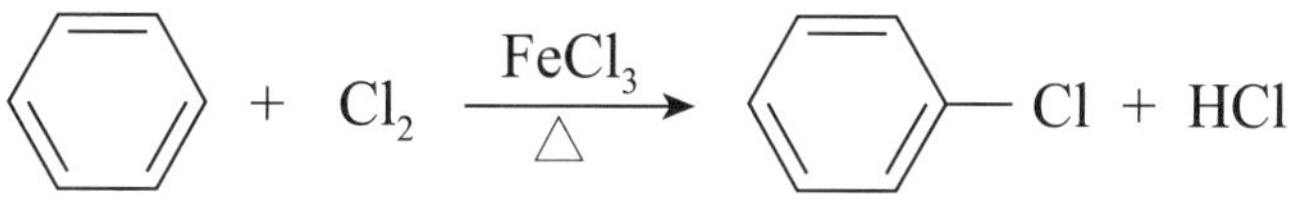

氯苯

烷基苯的卤代反应比苯更容易，主要生成邻、对位产物。例如：

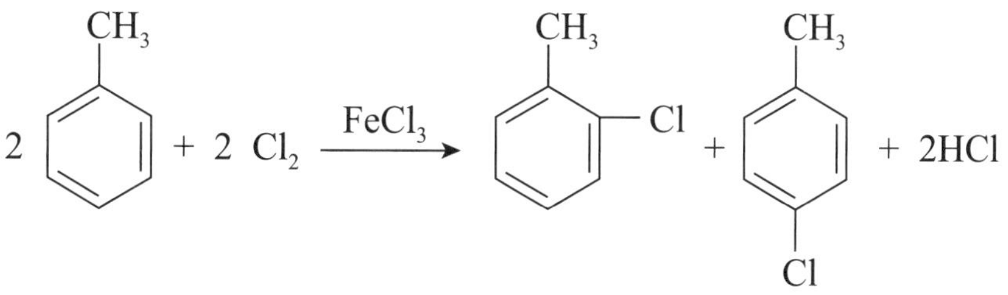

邻氯甲苯　　对氯甲苯

（2）硝化反应：苯与浓硝酸和浓硫酸共热，苯环上的氢原子被硝基（$—NO_2$）取代，生成硝基苯。

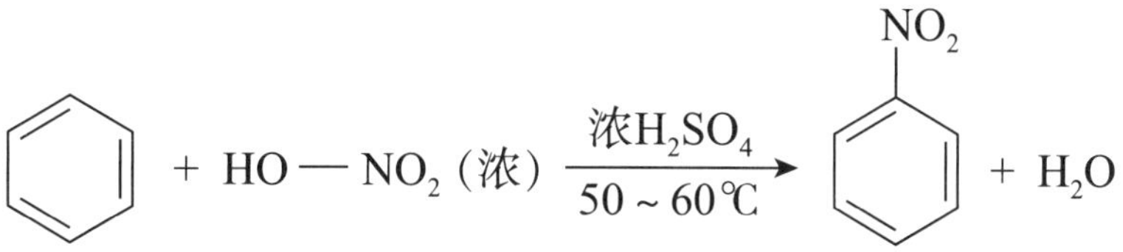

硝基苯

硝基苯为一种淡黄色油状液体，有苦杏仁味，有毒，密度比水大，难溶于水，易溶于乙醇和乙醚，可做化工原料。

在较高温度下，硝基苯可继续与过量的混酸作用，生成间二硝基苯。

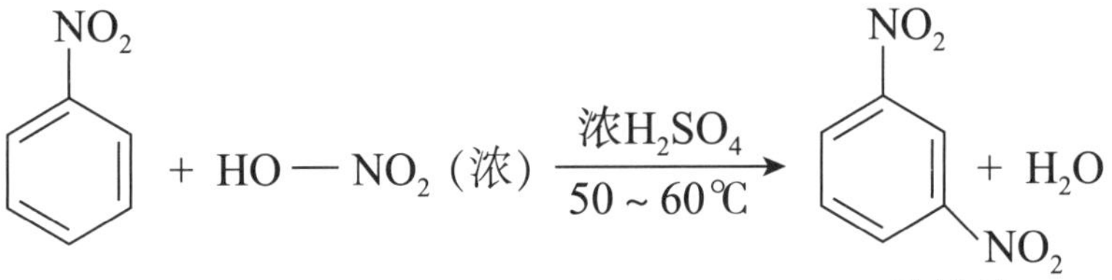

$$ \underset{\text{硝基苯}}{\text{C}_6\text{H}_5\text{NO}_2} + \text{HO—NO}_2\text{（浓）} \xrightarrow[\text{50～60℃}]{\text{浓H}_2\text{SO}_4} \underset{\substack{\text{1,3-二硝基苯}\\\text{（间二硝基苯）}}}{} + \text{H}_2\text{O} $$

烷基苯的硝化反应比苯更容易，主要生成邻、对位产物。例如：

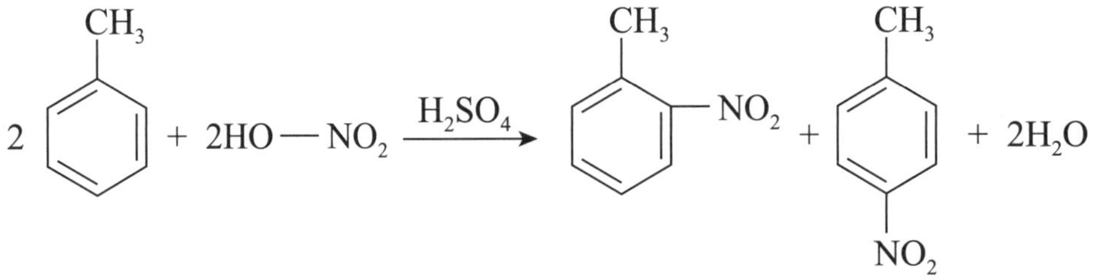

邻硝基甲苯　　对硝基甲苯

（3）磺化反应：苯与浓硫酸或发烟硫酸（H_2SO_4 和 SO_3 的混合物）共热生成苯磺酸。

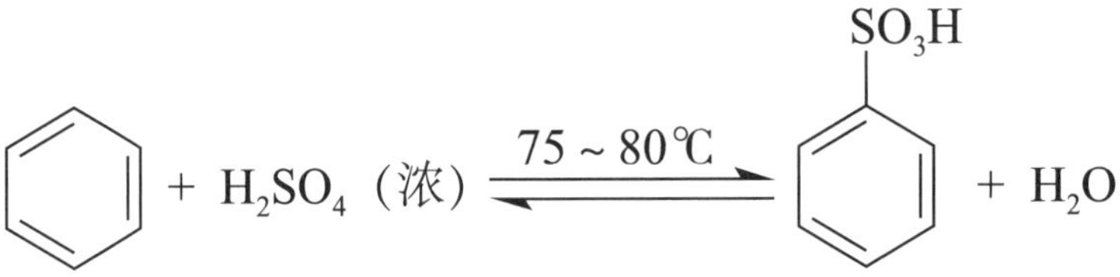

苯磺酸

磺化反应是可逆反应，苯磺酸与稀酸共热时，可脱去磺酸基转变为苯。苯磺酸易溶于水，可将一些水溶性较差的芳香类药物通过磺化反应引入磺酸基，以增强此药物的水溶性。

烷基苯的磺化反应比苯更容易，在室温下就能与浓硫酸反应，主要生成邻、对位产物。例如：

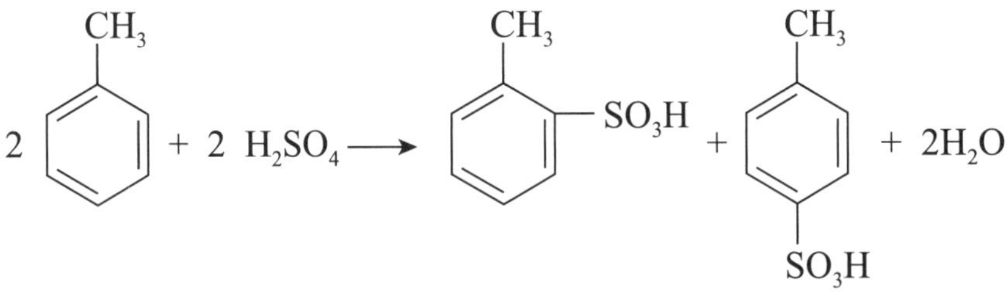

邻甲苯磺酸　　对甲苯磺酸

2. 加成反应　苯比不饱和烃稳定，不容易发生加成反应。但在特定条件下，苯也能与 H_2 或 Cl_2 等进行加成反应。例如：

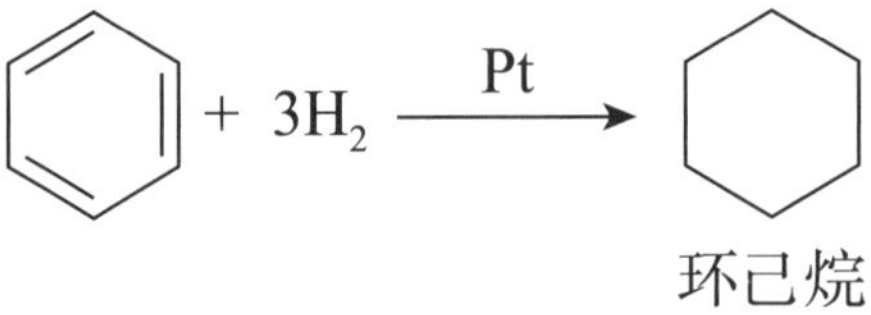

环己烷

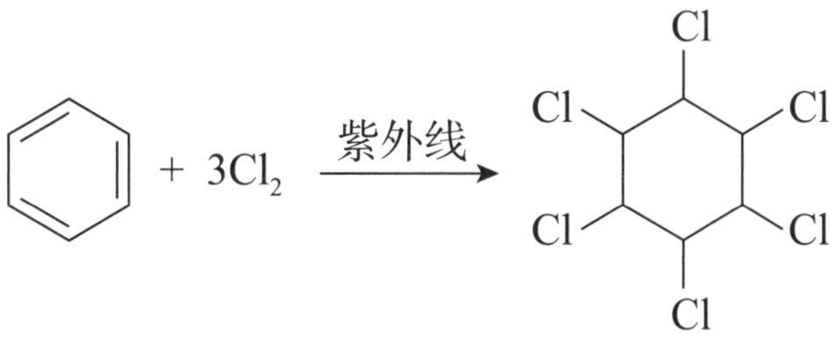

六氯环己烷
（俗称"六六六"）

六氯环己烷曾是一种使用广泛的有机氯杀虫剂,但由于其化学性质稳定,强毒性,高残留,我国已禁止生产和使用。

3. 烷基苯侧链上的反应

（1）烷基苯侧链的卤代反应:当光照或加热条件下,烷基苯与卤素作用,侧链上的氢原子被卤素取代,发生与烷烃相似的卤代反应。例如:

苯氯甲烷（氯化苄）

（2）烷基苯侧链的氧化反应:苯不易被强氧化剂(如 $KMnO_4$)氧化,但如果和苯环直接相连的碳原子(α-C)上连有氢原子(α-H)时,该烷基苯的侧链就能被酸性 $KMnO_4$ 溶液氧化,且无论烷基的结构如何,均可被氧化为羧基(—COOH)。常利用此性质鉴别苯及苯的同系物。例如:

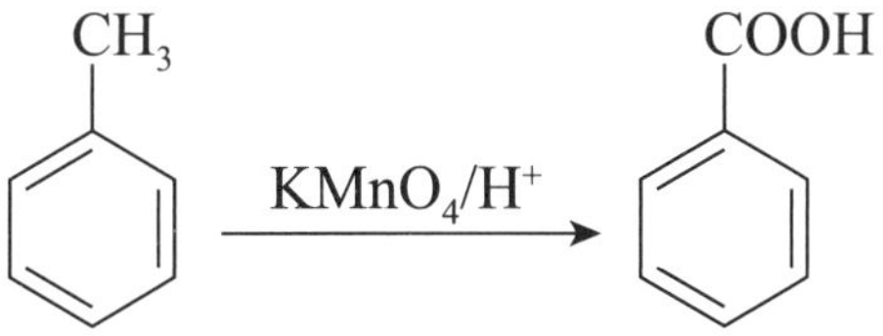

苯甲酸

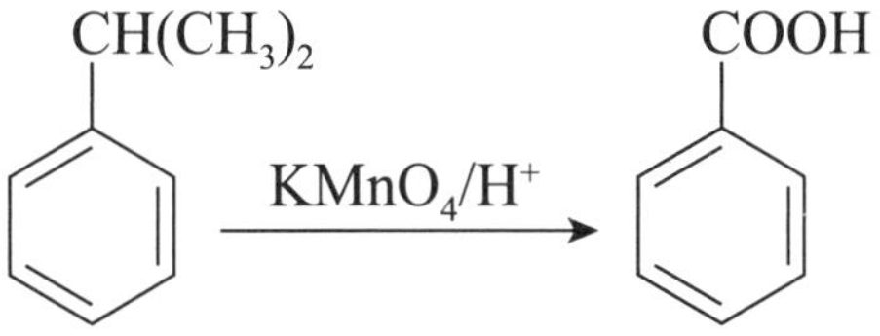

苯甲酸

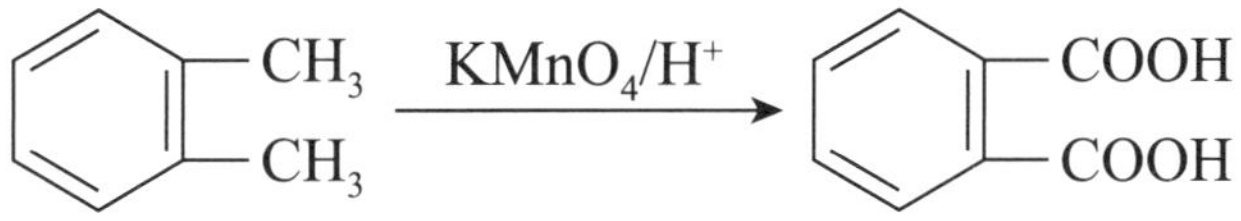

邻苯二甲酸

请用化学方法鉴别苯和甲苯。

（四）稠环芳烃

稠环芳烃是由 2 个或 2 个以上的苯环，通过共用相邻的 2 个碳原子相互稠合而成的多环芳香烃。常见的稠环芳烃有萘、蒽、菲等，它们是合成染料、药物等的重要原料。

1. 萘　萘的分子式为 $C_{10}H_8$，是由 2 个苯环稠合而成。其结构简式为：

萘为无色结晶，熔点 80℃，沸点 218℃，在室温下易升华，具有特殊气味，不溶于水，能溶于乙醇、乙醚、苯等有机溶剂，在煤焦油中的含量为 4%～10%。萘是重要的化工原料，可以用作防蛀剂，曾制成卫生球用于防蛀。萘蒸汽或粉尘对人体有害。

2. 蒽和菲　蒽和菲的分子式都是 $C_{14}H_{10}$，二者互为同分异构体，都是由 3 个苯环稠合而成，蒽为直线稠合，菲为角式稠合。其结构简式为：

蒽　　　　　　　　　　　　　　　　　　　菲

蒽为无色片状晶体，熔点 217℃，沸点 354℃。菲为具有光泽的无色晶体，熔点 101℃，沸点 340℃。蒽和菲都存在于煤焦油中，可用来制造染料和药物。

在生物体内有一类甾族化合物，如胆固醇、维生素 D 及黄体酮等，其分子结构中都含有菲的衍生物——环戊烷多氢菲骨架。其结构简式为：

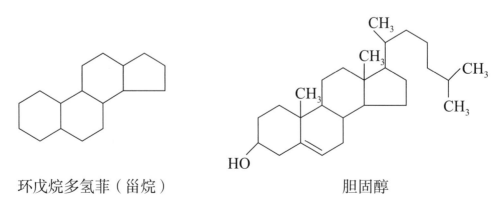

环戊烷多氢菲（甾烷）　　　　　　　　　　　胆固醇

致癌芳香烃

致癌芳香烃中大多为蒽和菲的衍生物。常见的致癌芳香烃有 3，4- 苯并芘、1，2，5，6- 二苯并蒽和 1，2，3，4- 二苯并菲等，其中 3，4- 苯并芘的致癌作用最强。在煤焦油、沥青和烟草的烟雾中、高温烧焦或烟熏的食物中，都含有少量的致癌芳香烃，因此，要注意防止这些物质对人体的危害。

章末小结

类别	通式	结构特点	主要化学性质	示例
烷烃	C_nH_{2n+2}	碳碳单键	①取代反应；②氧化反应	CH_4
烯烃	C_nH_{2n}（$n \geq 2$）	碳碳双键	①加成反应；②氧化反应；③聚合反应	$CH_2 = CH_2$
炔烃	C_nH_{2n-2}（$n \geq 2$）	碳碳三键	①加成反应；②氧化反应；③聚合反应；④金属炔化物的生成	$HC \equiv CH$
脂环烃	C_nH_{2n}（$n \geq 3$）	碳碳间成闭环状	—	⬠
芳香烃	C_nH_{2n-6}（$n \geq 6$）	苯环	①取代反应；②加成反应；③烷基苯侧链上的反应	⬡

（范丽红）

思考与练习

一、填空题

1. 烷烃分子去掉 1 个氢原子剩余的基团称为_____；—CH_3 称为_____；—CH_3CH_2 称为_____。

2. 鉴别烷烃和烯烃，可用酸性 $KMnO_4$ 溶液。能使酸性 $KMnO_4$ 溶液褪色的是_____，不能褪色的是_____。

3. 根据所连碳原子的类型，可将烃分子中的氢原子分为_____、_____、_____

3类，不同类型的氢原子相对反应活性不同。

4. 有机化合物分子中的某些原子或基团被其他原子或基团所替代的反应，称为_____。被卤素原子替代的反应，称为_____。

5. 烷烃的通式为_____；烯烃的通式为_____；炔烃的通式为_____。

6. 最简单的芳烃是_____，分子式为_____，结构简式为_____。

二、简答题

1. 用系统命名法命名下列化合物或根据名称写出其结构简式

（1）$CH_3—CH_2—\overset{\displaystyle |}{\underset{\displaystyle CH_3}{CH}}—\overset{\displaystyle |}{\underset{\displaystyle CH_3}{CH}}—CH_3$

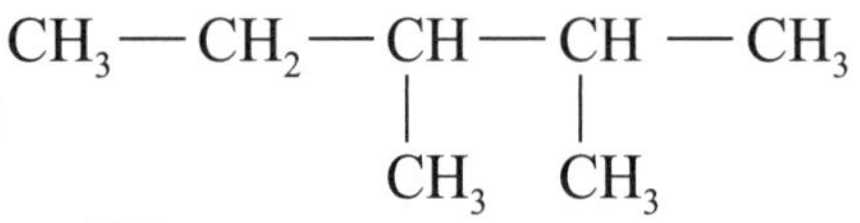

（2）$HC{\equiv}C—\overset{\displaystyle |}{\underset{\displaystyle CH_3}{CH}}—CH_3$

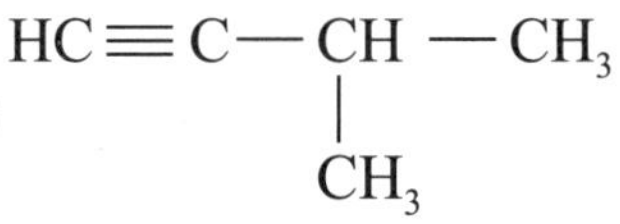

（3）

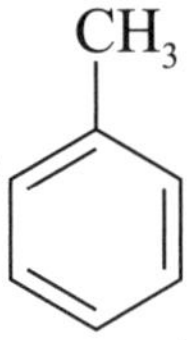

（4）

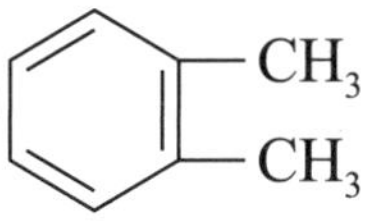

（5）2,3-二甲基己烷

（6）顺-2-丁烯

2. 用化学方法鉴别下列各组物质

（1）乙烷、乙烯和乙炔

（2）苯、甲苯和己烯

第三章 ｜ 醇 酚 醚

03章 数字资源

学习目标

1. 具有从结构特点分析物质性质的能力，感受化学与社会的联系，增强社会责任感。
2. 掌握醇、酚、醚的命名；醇、酚的主要化学性质。
3. 熟悉醇、酚、醚的结构和分类。
4. 了解醇、酚、醚的物理性质及用途；重要的醇、酚和醚。
5. 学会用化学的方法鉴别醇和酚。

 导入案例

乙醇免洗手消毒凝胶是近年来广泛使用的一种新型消毒剂，主要适用于手和皮肤消毒。不同品牌的乙醇免洗手消毒凝胶成分不尽相同，但其有效成分主要为乙醇。该凝胶可杀灭大肠埃希菌、金黄色葡萄球菌等。用于手部的卫生消毒时，取免洗手消毒凝胶适量涂于手部，作用1min，搓擦至干。

请思考：

1. 乙醇的化学结构式如何写？
2. 乙醇消毒的作用机制是什么？

醇、酚、醚都是烃的含氧衍生物，在医药上有广泛的用途。

第一节 醇

一、醇的结构和分类

（一）醇的结构

乙醇（CH_3CH_2OH）俗称酒精，是人类最早使用的有机化合物之一。乙醇的化学结构可以看作是乙烷分子中 1 个氢原子被羟基取代的产物，其结构模型和结构式见图 3-1。羟基（—OH）是乙醇的官能团。

球棍模型　　　　比例模型　　　　结构式

图 3-1　乙醇的结构模型和结构式

类似乙醇这样，**脂肪烃、脂环烃或芳香烃侧链上的氢原子被羟基取代后的产物称为醇。羟基（—OH）是醇的官能团，称为醇羟基。**

饱和一元脂肪醇的通式是 $C_nH_{2n+1}OH$，化学式为 $C_nH_{2n+2}O$。

（二）醇的分类

醇可按其分子的结构特点进行分类，具体见表 3-1。

表 3-1　醇的分类

分类方法	类型	结构特点	实例
根据烃基种类	脂肪醇	羟基与脂肪烃基相连	CH_3OH
	脂环醇	羟基与脂环烃基相连	⬡—OH
	芳香醇	羟基与芳香烃侧链相连	⬡—CH₂OH
根据羟基数目	一元醇	含 1 个羟基	CH_3CH_2OH
	二元醇	含有 2 个羟基	CH_2OH—CH_2OH

分类方法	类型	结构特点	实例
根据羟基数目	多元醇	含有2个以上羟基	CH_2OH | $CHOH$ | CH_2OH
根据羟基所接的碳原子种类	伯醇	羟基连接在伯碳原子上	CH_3CH_2OH
	仲醇	羟基连接在仲碳原子上	$\overset{\displaystyle OH}{\underset{\displaystyle \vert}{CH_3-CH-CH_3}}$
	叔醇	羟基连接在叔碳原子上	$CH_3-\overset{OH}{\underset{CH_3}{C}}-CH_3$

二、醇 的 命 名

醇的命名有普通命名法和系统命名法。

（一）普通命名法

普通命名法适用于结构比较简单的醇，根据与羟基所连烃基的名称来命名。例如：

$$CH_3-OH \qquad \overset{\displaystyle}{CH_3-\underset{\underset{\displaystyle OH}{\vert}}{CH}-CH_3}$$

甲醇　　　　　　　　异丙醇　　　　　　　苯甲醇（苄醇）

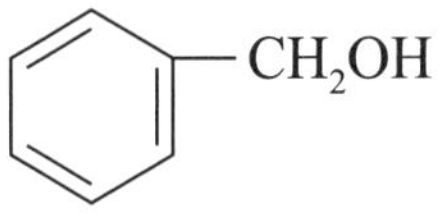

（二）系统命名法

系统命名法适用于结构比较复杂的醇，命名的基本原则为：

1. 选主链　选择包括羟基所连碳原子在内的最长碳链作为主链，根据主链上所含碳原子数目称为"某醇"。

2. 编号　从靠近羟基的一端开始，用阿拉伯数字依次给主链碳原子编号。

3. 命名　将羟基的位次用阿拉伯数字写在"某醇"的前面，并用半字线隔开。如有取代基，则将取代基的位次、数目及名称写在醇名称的前面。例如：

$$\overset{4}{CH_3}-\overset{3}{CH}-\overset{2}{CH_2}-\overset{1}{CH_2}-OH$$
$$\underset{CH_3}{|}$$

3-甲基-1-丁醇

$$\overset{5}{CH_3}-\overset{4}{CH_2}-\overset{3}{CH}-\overset{2}{CH}-\overset{1}{CH_3}$$
$$\overset{OH}{|}\quad\overset{CH_3}{|}$$
$$\underset{CH_2CH_3}{|}$$

2-甲基-3-乙基-3-戊醇

学与练

用系统命名法命名下列化合物。

（1）
$$\overset{OH}{\underset{|}{CH_3-CH-CH_3}}$$

（2）
$$\overset{OH}{\underset{|}{CH_3-\overset{|}{C}-CH_3}}$$
$$\underset{CH_3}{|}$$

对于脂环醇命名时,在"醇"字前加上脂环烃基的名称,通常省去"基"字,称为"环某醇"。若脂环上有取代基,则从羟基所在的碳原子开始,按"取代基位次总和最小"的原则给环上的碳原子编号,将取代基的位次、数目、名称依次写在"环某醇"的名称之前。例如:

环己醇

2-甲基环己醇

芳香醇命名时,一般以脂肪醇为母体,将苯基作为取代基。例如:

苯甲醇

$$\overset{1}{CH_3}-\overset{2}{CH}-\overset{3}{CH_2}-\overset{4}{CH_2}-\text{（苯环）}$$
$$\underset{OH}{|}$$

4-苯基-2-丁醇

多元醇命名时,尽可能地选择包含多个羟基碳原子在内的最长碳链作为主链,根据主链中碳原子及羟基的数目称为某二醇、某三醇等,并将羟基的位次写在"某二醇、某三醇"前面。例如:

$$\overset{1}{CH_2}-\overset{2}{CH}-\overset{3}{CH_2}$$
$$\underset{OH}{|}\quad\underset{OH}{|}\quad\underset{OH}{|}$$

1,2,3-丙三醇（丙三醇）

$$\overset{5}{CH_2}-\overset{4}{CH}-\overset{3}{CH_2}-\overset{2}{CH}-\overset{1}{CH_2}$$
$$\underset{\overset{6}{CH_3}}{|}\quad\underset{OH}{|}\qquad\underset{CH_3}{|}\quad\underset{OH}{|}$$

2-甲基-1,4-己二醇

不饱和脂肪醇的系统命名法

首先,选择既连有羟基碳原子,又连有不饱和键的最长碳链为主链;其次,从靠近羟基的一端开始给主链碳原子编号;最后,根据主链所含碳原子的个数称为"某烯(炔)醇",并且将不饱和键与羟基的位次分别标于"某烯(炔)醇"之前。例如:

$$CH_2=CH—CH—CH_2—OH$$
$$|$$
$$CH_3$$

2-甲基-3-丁烯-1-醇

$$CH\equiv C—CH—CH_3$$
$$|$$
$$OH$$

3-丁炔-2-醇

三、醇 的 性 质

直链饱和一元醇中,含 1~4 个碳原子的醇为无色、有酒味的液体;含 5~11 个碳原子的醇为难闻的油状液体;12 个碳原子以上的醇为蜡状固体。低级醇及多元醇能与水以任意比互溶,随烃基的增大,醇在水中的溶解度逐渐减小。

羟基是醇的官能团,醇的化学反应主要发生在羟基(—OH)及与羟基所连的 α- 碳原子上。

(一)与活泼金属反应

醇与活泼金属(钠、钾、锂等)发生反应,生成醇淦,放出氢气。例如:

$$2CH_3CH_2OH + 2Na \longrightarrow 2CH_3CH_2ONa + H_2\uparrow$$

乙醇与金属钠反应,放出氢气并生成乙醇钠。但醇与钠的反应不如水与钠的反应剧烈,这说明醇的酸性比水弱。

醇钠是一种白色固体,呈强碱性,遇水后强烈水解为醇和 NaOH。各种结构不同的醇与活泼金属(Na、K 等)反应活性不同。其活性顺序为:

甲醇>伯醇>仲醇>叔醇

(二)与无机含氧酸的反应

醇能与硫酸、硝酸、亚硝酸、磷酸等无机含氧酸发生反应生成无机酸酯。例如:

$$\text{CH}_3\text{—}\underset{\overset{|}{\text{CH}_3}}{\text{CH}}\text{—CH}_2\text{—CH}_2\boxed{\text{OH+HO}}\text{—NO} \longrightarrow \text{CH}_3\text{—}\underset{\overset{|}{\text{CH}_3}}{\text{CH}}\text{—CH}_2\text{—CH}_2\text{ONO} + \text{H}_2\text{O}$$

异戊醇　　　　　　亚硝酸　　　　　　亚硝酸异戊酯

$$\begin{array}{l} \text{CH}_2\text{—}\boxed{\text{OH}}\quad\boxed{\text{HO}}\text{—NO}_2 \\ \text{CH —}\boxed{\text{OH}}\ +\ \boxed{\text{HO}}\text{—NO}_2 \\ \text{CH}_2\text{—}\boxed{\text{OH}}\quad\boxed{\text{HO}}\text{—NO}_2 \end{array} \longrightarrow \begin{array}{l} \text{CH}_2\text{—ONO}_2 \\ \text{CH —ONO}_2\ +\ 3\text{H}_2\text{O} \\ \text{CH}_2\text{—ONO}_2 \end{array}$$

甘油　　　　　硝酸　　　　　　三硝酸甘油酯（硝酸甘油）

 知识拓展

硝 酸 甘 油

　　硝酸甘油是一种血管扩张药，可制成硝酸甘油片剂，舌下给药，作用迅速且短暂，用于治疗冠状动脉粥样硬化引起的心绞痛。硝酸甘油片之所以要放在舌下含服而不能口服给药，是因为口服硝酸甘油经胃肠黏膜吸收后到达肝，经肝酶的作用大部分会被灭活，大大地降低药效。硝酸甘油极易溶化，当把它含在舌下时，溶化了的药物经舌下毛细血管直接吸收入血发挥功效，因此不但起效快，而且药效不会降低。硝酸甘油味稍甜且带有刺激性，该药有效的标志之一是含在舌下要有烧灼感。

（三）脱水反应

醇与浓硫酸共热，可发生分子内或分子间脱水反应。

1. 分子内脱水　加热温度较高时，醇发生分子内脱水生成烯烃。如乙醇与浓硫酸共热到170℃左右，发生分子内脱水，生成乙烯。

$$\underset{\boxed{\text{OH}\quad\text{H}}}{\text{CH}_2\text{—CH}_2}\ \xrightarrow[170℃]{\text{浓H}_2\text{SO}_4}\ \text{CH}_2\text{=CH}_2 + \text{H}_2\text{O}$$

在适当条件下，从1个有机化合物分子中脱去1个小分子（如水、卤化氢等）生成不饱和化合物的反应称为消除反应（又称为消去反应）。

2. 分子间脱水　加热温度较低时，醇发生分子间脱水，生成醚。如乙醇在浓硫酸存在下加热到140℃，发生分子间脱水，生成乙醚。

$$CH_3CH_2OH + HOCH_2CH_3 \xrightarrow[140℃]{浓H_2SO_4} CH_3CH_2OCH_2CH_3 + H_2O$$

乙醚

醇分子中去掉羟基上的氢原子,剩下的基团称为烃氧基(RO—)。例如:

CH_3O—
甲氧基

CH_3CH_2O—

乙氧基

人体代谢过程中也常发生醇分子内脱水。在人体内,某些含有羟基的化合物在酶的催化下脱水,形成含有双键的不饱和化合物。如三羧酸循环中柠檬酸发生分子内脱水,转变成顺乌头酸。

(四)氧化反应

有机化学反应中**加氧或脱氢的反应都称为氧化反应**;反之,**加氢或脱氧的反应称为还原反应**。醇分子中的 α-H 受羟基影响易被氧化。伯醇氧化成醛,醛进一步氧化成羧酸;仲醇氧化成酮;叔醇没有 α-H,一般不能被氧化。反应通式为:

$$RCH_2OH \xrightarrow{[O]} RCHO \xrightarrow{[O]} RCOOH$$

$$\underset{R}{\overset{OH}{\underset{|}{R-CH-R'}}} \xrightarrow{[O]} R-\overset{O}{\overset{||}{C}}-R'$$

 知识拓展

酒精检测仪中的化学知识

呼气式酒精检测仪是检测呼出气体中酒精含量的重要工具,其工作原理是让被测者呼出的气体通过盛有经过硫酸酸化处理的强氧化剂三氧化铬(CrO_3)的硅胶测试仪,如果呼出的气体含有乙醇,乙醇会被氧化,同时橙红色 CrO_3 被还原为绿色的 Cr^{3+} 。

$$CH_3CH_2OH + 4CrO_3 + 6H_2SO_4 \longrightarrow 2Cr_2(SO_4)_3 + 2CO_2\uparrow + 9H_2O$$

借助电子传感元件,酒精检测仪把硅胶的颜色变化转换成数字,显示在电子屏幕上,可以据此判断是否摄入酒精及摄入酒精多少程度。

乙醇在体内也能被氧化,反应方程式为:

$$CH_3CH_2OH \xrightarrow{[O]} CH_3CHO \xrightarrow{[O]} CH_3COOH$$

(五)与新制 Cu(OH)_2 溶液反应

乙二醇、甘油等是具有邻二醇结构的多元醇,由于分子中相邻羟基的相互影响,显示出微弱的酸性。如甘油，不但能与活泼金属反应，而且能与新制的 $Cu(OH)_2$ 溶液反应，生成深蓝色的甘油铜。

$$CuSO_4 + 2NaOH \Longrightarrow Cu(OH)_2\downarrow + Na_2SO_4$$

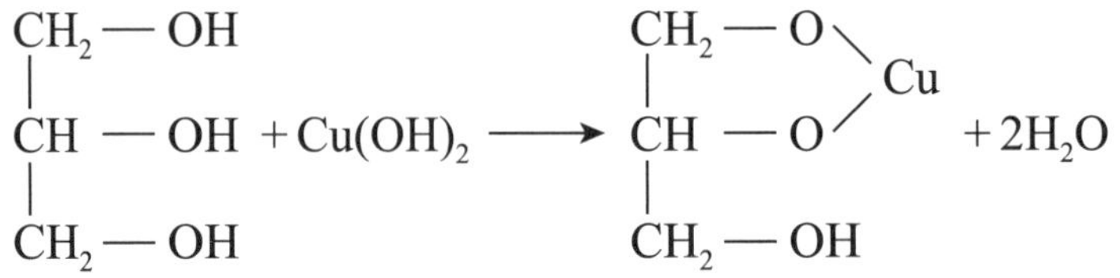

甘油　　　　　　　　　　　　甘油铜（深蓝色）

利用此性质可鉴别具有邻二醇结构的多元醇。

📖 **学与练**

用化学方法鉴别乙醇和乙二醇。

四、常见的醇

（一）甲醇

甲醇（CH_3OH）最初由木材干馏所得，故又称为木醇或木精，是无色透明、易燃液体，有酒味，沸点 64.7℃，能与水及多数有机溶剂混溶。甲醇可作溶剂，也是一种重要的化工原料。甲醇有毒，在体内的代谢产物能损伤视网膜，甚至导致酸中毒。所以，误服少量甲醇能使人双目失明，误服 30ml 能中毒致死。

（二）乙醇

乙醇（CH_3CH_2OH）是无色透明、易挥发、易燃的液体，是饮用酒的主要成分，沸点 78.4℃，能与水混溶。乙醇是常用的燃料和溶剂，也用于制取其他化合物，在临床上应用广泛。不同浓度的乙醇可以用于中药有效成分的提取，或者制备酊剂、醑剂。70%～75% 乙醇临床上被用作外用消毒剂，用于皮肤和外科器械的消毒。

 知识拓展

乙醇的消毒原理

乙醇的消毒原理是乙醇使细菌蛋白脱水而变性凝固。95% 的乙醇能将细菌表面包膜的蛋白质迅速凝固，并形成一层保护膜，但这也阻止了乙醇进入细菌体内，而不能将细菌彻底杀死；如果乙醇浓度低于70%，乙醇可以顺利进入细菌体内，但不能将其蛋白质凝固，同样也不能将细菌彻底杀死。因此，只有70%～75%的乙醇才能顺利地进入到细菌体内，同时又能有效地将细菌体内的蛋白质凝固，从而彻底杀死细菌。

（三）丙三醇

丙三醇($\begin{matrix} CH_2 & CH & CH_2 \\ | & | & | \\ OH & OH & OH \end{matrix}$)又称为甘油，是无色黏稠略带甜味的液体，能与水以任意比例混溶。纯甘油有强烈吸水性，稀释的甘油能润滑皮肤，是保湿化妆品的原料。在医药上，甘油可作溶剂、赋形剂，制备酚甘油、碘甘油等。52.8%～58.3%的甘油水溶液称为"开塞露"，临床上用于灌肠，帮助治疗便秘。

（四）甘露醇

甘露醇($\begin{matrix} CH_2 & CH & CH & CH & CH & CH_2 \\ | & | & | & | & | & | \\ OH & OH & OH & OH & OH & OH \end{matrix}$)又称为己六醇，是一种白色针状晶体，溶于水，有甜味，广泛存在于植物中，如许多水果及蔬菜中均含有。甘露醇易溶于水，200g/L的甘露醇溶液能将周围组织及脑组织的水分吸入血液中随尿排出，从而降低颅内压，消除水肿，因此在临床上可以用作渗透性利尿药。

（五）苯甲醇

苯甲醇(苯环—CH_2OH)是最简单的芳香醇，又称为苄醇。无色液体，具有芳香气味，能溶于水，易溶于甲醇、乙醇等有机溶剂。苯甲醇有微弱的麻醉作用和防腐功能，临床使用10%苯甲醇软膏或洗剂可用作局部止痒；可作为注射用盐酸大观霉素的溶剂，减少注射时的疼痛，但肌内注射禁用于学龄前儿童。

第二节 酚

一、酚的结构和分类

（一）酚的结构

酚是羟基与芳环碳原子直接相连的化合物。酚中的羟基称为酚羟基，是酚的官能团。例如：

苯酚　　　　　　邻甲基苯酚　　　　　　邻硝基苯酚

最简单的酚是苯酚。其球棍模型和比例模型见图3-2。

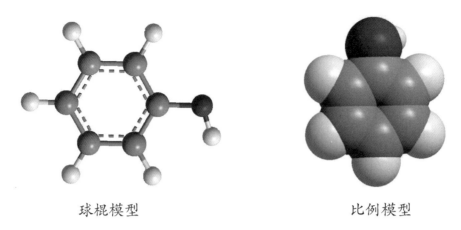

球棍模型   比例模型

图 3-2   苯酚的结构模型

（二）酚的分类

1. 根据分子中所含酚羟基的数目,酚可分为一元酚、二元酚和三元酚等。例如:

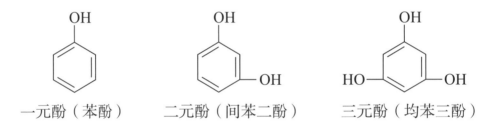

一元酚（苯酚）   二元酚（间苯二酚）   三元酚（均苯三酚）

2. 根据芳基的不同,酚又可分为苯酚、萘酚等。例如:

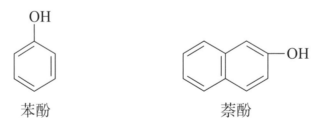

苯酚   萘酚

二、酚 的 命 名

（一）一元酚的命名

一元酚命名是以酚为母体,命名为某酚。芳环上的其他原子或基团作为取代基,从酚羟基所连碳原子开始用阿拉伯数字给芳环编号,按系统命名原则命名,也可以用邻、间、对表示取代基与酚羟基间的位置。例如:

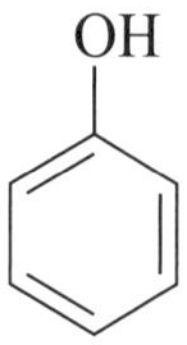

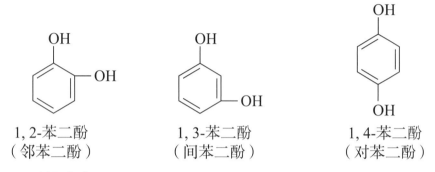

苯酚

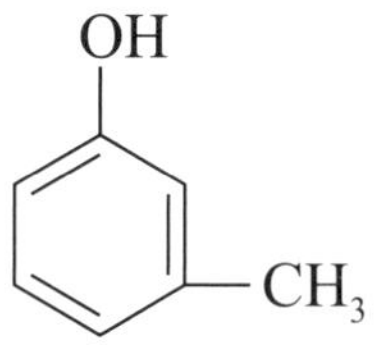

3-甲基苯酚
（间甲酚）

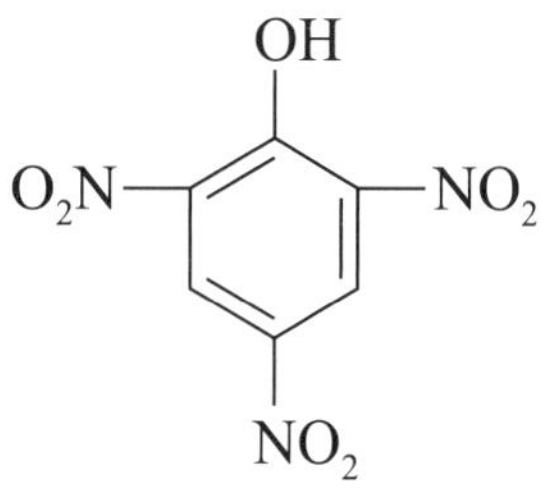

2, 4, 6-三硝基苯酚

（二）二元酚的命名

二元酚命名时以二酚为母体，2 个酚羟基间的相对位置用阿拉伯数字或邻、间、对表示。例如：

1, 2-苯二酚
（邻苯二酚）

1, 3-苯二酚
（间苯二酚）

1, 4-苯二酚
（对苯二酚）

（三）三元酚的命名

三元酚命名时以三酚为母体，酚羟基的相对位置用阿拉伯数字或连、偏、均表示。例如：

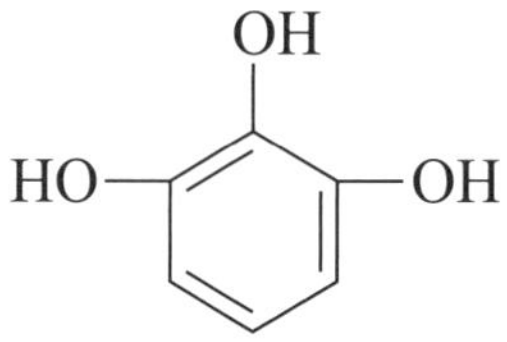

1, 2, 3-苯三酚
（连苯三酚）

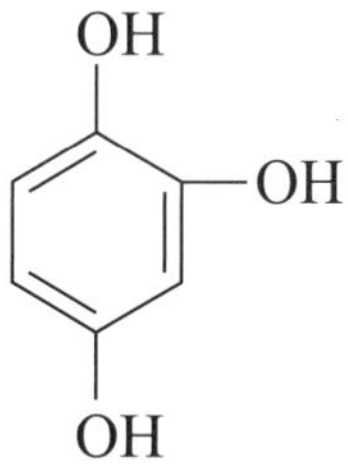

1, 2, 4-苯三酚
（偏苯三酚）

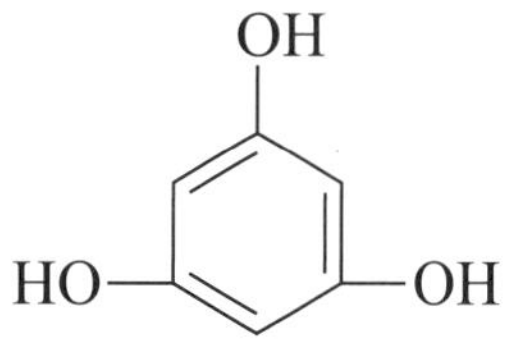

1, 3, 5-苯三酚
（均苯三酚）

📖✏️ 学与练

以苯甲醇和苯酚为例，比较、分析芳香醇和酚结构的异同。

三、酚 的 性 质

除少数烷基酚是高沸点的液体外，大多数酚都是固体，能溶于乙醇、乙醚等有机溶剂。一元酚微溶于水，多元酚易溶于水。酚具有特殊的气味。纯净的酚无色，易被空气氧化，常带有不同程度的黄色或红色，故应盛放在棕色瓶中避光保存。

酚羟基与苯环直接相连，相互作用，使酚羟基在性质上比醇羟基更活泼。酚的主要化学性质为：

（一）弱酸性

由于受苯环的影响，在水溶液中酚羟基能解离出少量 H^+，显弱酸性，但不能使酸碱指示剂变色。

如向苯酚浑浊液中滴加 NaOH 溶液，边加边振荡，直至溶液变澄清，再滴加盐酸，溶液又变浑浊。这表明苯酚具有弱酸性，可以和 NaOH 生成易溶于水的苯酚钠。

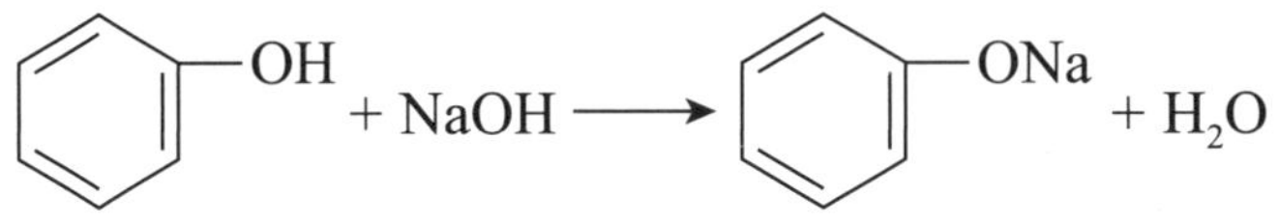

$$苯酚 \quad —OH + NaOH \longrightarrow —ONa + H_2O \quad 苯酚钠$$

向澄清的苯酚钠溶液中滴加盐酸，可使苯酚游离出来。利用这一性质可以提纯苯酚。

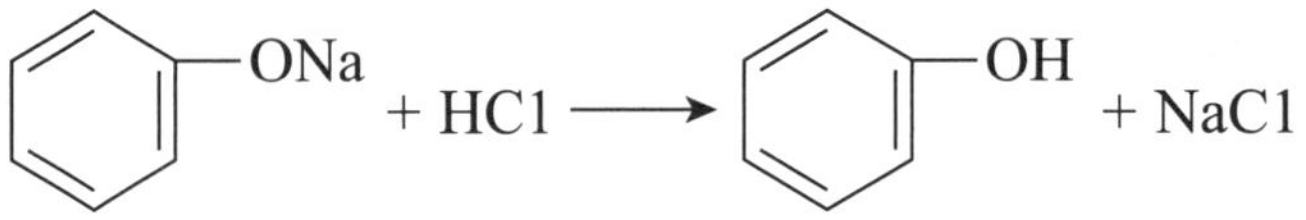

$$—ONa + HCl \longrightarrow —OH + NaCl$$

多数酚的酸性比碳酸还弱，所以，向苯酚钠溶液中通入二氧化碳，可游离出苯酚。

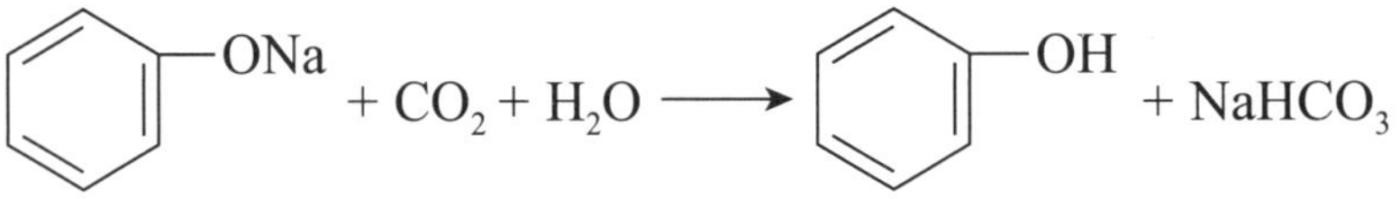

$$—ONa + CO_2 + H_2O \longrightarrow —OH + NaHCO_3$$

（二）苯环上的取代反应

由于苯环受酚羟基的影响，使苯环上酚羟基的邻位和对位上的氢原子变得活泼，容易发生取代反应。如常温下苯酚能与饱和溴水发生取代反应，立即生成 2，4，6- 三溴苯酚白色沉淀。此反应灵敏度很高，可用于苯酚的定性或定量分析。

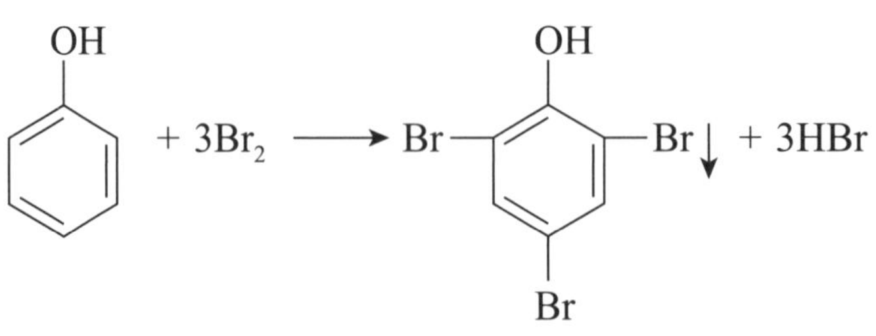

$$苯酚 + 3Br_2 \longrightarrow Br \text{—} \underset{Br}{\overset{OH}{\text{苯环}}} \text{—} Br \downarrow + 3HBr \quad 2,4,6\text{-三溴苯酚}$$

（三）与 $FeCl_3$ 的显色反应

大多数酚都能与 $FeCl_3$ 溶液发生显色反应，不同酚显示的颜色不同。如 $FeCl_3$ 溶液与苯酚显蓝紫色；与间苯二酚、均苯三酚显紫色；与甲酚显蓝色；与邻苯二酚、对苯二酚显绿色和暗绿色；与连苯三酚显红色等。这是酚类的特性反应，根据不同结构的酚与$FeCl_3$溶液的颜色反应可以鉴别酚类化合物。

（四）氧化反应

酚类很容易被氧化，氧化产物复杂。如纯净的苯酚是无色的晶体，在空气中会被缓慢氧化，颜色逐渐变深。如用重铬酸钾（$K_2Cr_2O_7$）和硫酸作氧化剂，苯酚可被氧化成对苯醌。故保存酚及含有酚羟基的药物时，应避免与空气接触，必要时需加抗氧化剂。

四、常见的酚

（一）苯酚

苯酚（）又称为石炭酸，最初从煤干馏后的煤焦油中分离所得。纯净的苯酚是无色、具有特殊气味的晶体，易被空气氧化而呈粉红色，故盛放在棕色瓶中避光保存。常温下苯酚微溶于水，65℃时可完全溶于水。苯酚易溶于乙醇、乙醚、苯等有机溶剂。但苯酚有毒，且有腐蚀性，使用时应特别注意。

苯酚是重要的化工原料，用于制造塑料、染料、药物等。

科学史话

苯　　酚

19世纪中期，许多病人因术后感染而死亡。外科消毒法的创始人、英国外科医生约瑟夫·里斯特偶然间观察到一家工厂附近的水沟里，草根很少腐烂，经过多次实地调查和试验，发现水沟的废水中含有苯酚。苯酚是德国化学家龙格（Runge F）于1834年在煤焦油中发现的。里斯特尝试用苯酚为外科医生的手和外科器械消毒，结果术后病人伤口感染的现象明显减少，病人的死亡率也随之降低。这一发现使苯酚成为当时一种强有力的外科消毒剂。

（二）甲酚

甲酚有邻、间、对三种异构体，来源于煤焦油，故又称为煤酚。甲酚杀菌能力比苯酚强，毒性比苯酚小，难溶于水。甲酚能溶于肥皂溶液，故常配制成47%~53%的甲酚皂溶液，其称为煤酚皂溶液，又称为"来苏儿"，常用于器械和环境消毒。甲酚对皮肤有一定的刺激作用和腐蚀作用，使用前要稀释为2%~5%的溶液。

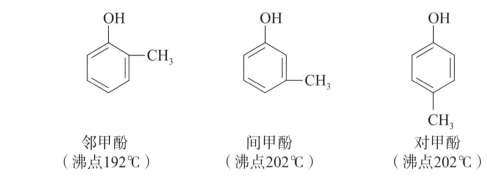

邻甲酚
（沸点192℃）

间甲酚
（沸点202℃）

对甲酚
（沸点202℃）

（三）苯二酚

苯二酚有3种同分异构体。

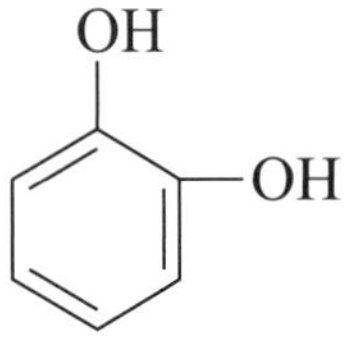

邻苯二酚

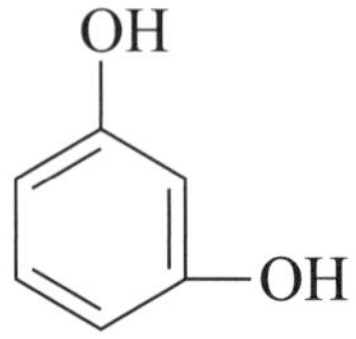

间苯二酚

对苯二酚

邻苯二酚又称为儿茶酚，间苯二酚又称为雷锁辛，对苯二酚又称为氢醌。这三种异构体均为无色的结晶，邻苯二酚和间苯二酚易溶于水，而对苯二酚由于结构对称，它的熔点最高，在水中的溶解度最小。

间苯二酚属消毒防腐药，具有抗细菌和真菌的作用，强度仅为苯酚的三分之一，刺激性小，可用于治疗皮肤病，如用于头部脂溢性皮炎等。对苯二酚和邻苯二酚易被氧化，可作还原剂。在生物体内，它们则以衍生物形式存在。如人体代谢的中间产物多巴和医学上常用的肾上腺素中均含有邻苯二酚的结构。

第三节　醚

一、醚的结构、分类和命名

（一）醚的结构和分类

2 个烃基通过 1 个氧原子连接起来的化合物称为醚。醚键 C—O—C 是醚的官能团。

开链醚的结构通式为 R（Ar）—O—R'（Ar'），式中的 2 个烃基可以相同，也可以不同，2 个烃基相同时称为单醚，不同时称为混醚。醚分子中，烃基都是脂肪烃基的为脂肪醚，含有芳香基的醚称为芳香醚，具有环状结构的醚称为环醚。

（二）醚的命名

1. 单醚　单醚命名时，将烃基的数目、名称写在"醚"字之前，称为"二某醚"。烃基

为烷基时"二"字可以省略;烃基为芳香烃基时"二"字不能省略。例如:

$$CH_3CH_2-O-CH_2CH_3$$

乙醚   二苯醚

2. 混醚　脂肪混醚命名时,小基团放在大基团之前,最后加"醚"字;芳香混醚命名时芳香烃基写在前。命名时"基"字省略。例如:

$$CH_3-O-CH_2CH_3$$

甲乙醚   苯乙醚

烷基醚与碳原子数相同的饱和一元脂肪醇互为同分异构体。这种分子组成相同,分子结构由于官能团不同而导致的同分异构现象称为官能团异构。如乙醇和甲醚球棍模型见图3-3。

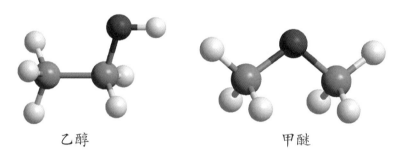

乙醇   甲醚

图 3-3　乙醇和甲醚的球棍模型

 知识链接

环 氧 乙 烷

环氧乙烷(△O)是最简单的环醚,有毒,是重要的石油化工产品。环氧乙烷在低温下为无色透明液体,在常温下为无色带有醚刺激性气味的气体,气体的蒸气压高,30℃时可达141kPa,这种高蒸气压决定了环氧乙烷熏蒸消毒时穿透力较强。

环氧乙烷是继甲醛之后出现的第二代化学消毒剂,至今仍为较好的冷消毒剂之一。环氧乙烷有杀菌作用,不腐蚀金属,无残留气味,可在常温下杀灭各种微生物,包括芽孢、细菌、霉菌及真菌等,因此,可用于消毒一些不能耐受高温的物品。环氧乙烷也被广泛用于消毒医疗用品,如一次性口罩、绷带、缝线及手术器具。

二、乙　醚

乙醚（$CH_3CH_2OCH_2CH_3$）是有特殊气味的无色透明液体。沸点是 34.5℃，难溶于水，易溶于乙醇和氯仿。因沸点低，极易着火，因此使用时要远离火源。

乙醚与空气长期接触时可被氧化生成过氧化乙醚。过氧化乙醚性质很不稳定，受热或受撞击时易发生爆炸，故蒸馏乙醚时绝对不要蒸得太干。为避免意外，在使用存放时间较长的乙醚时，要先用碘化钾 - 淀粉试纸检验是否含有过氧化乙醚。如果湿润碘化钾 - 淀粉试纸变蓝，说明有过氧化物存在。

乙醚具有麻醉作用，是最早用于外科手术的吸入性全身麻醉剂，但由于其起效慢，还伴有恶心、呕吐等不良反应，现已被性质更稳定、效果更好七氟烷所替代。

章末小结	种类	结构	主要化学性质及鉴别方法
	醇	脂肪烃、脂环烃或芳香烃侧链上的氢原子被羟基取代后的生成物称为醇 官能团：醇羟基（—OH）	①与活泼金属反应放出氢气；②与无机酸反应生成无机酸酯；③分子内脱水生成烯，分子间脱水生成醚；④伯醇氧化成醛，仲醇氧化成酮，叔醇不易被氧化；⑤具有邻二醇结构的多元醇与新制的 $Cu(OH)_2$ 溶液反应
	酚	酚是羟基直接与芳环碳原子相连的化合物 官能团：酚羟基（—OH）	①苯酚具有弱酸性，能与活泼金属反应放出氢气，还能与 NaOH 等强碱发生中和反应；②苯酚和 $FeCl_3$ 溶液反应显紫色；③酚类很容易被氧化，氧化产物很复杂；④苯酚与饱和溴水反应生成白色沉淀
	醚	醚是 2 个烃基通过 1 个氧原子连接而成的化合物 官能团：醚键（C—O—C）	醚的性质比较稳定

（贾　梅）

思考与练习

一、填空题

1. 甲醇又称为＿＿＿＿或＿＿＿＿，具有酒的气味，有＿＿＿＿。

2. 酚类由于含有 ＿＿＿＿＿＿＿ 而容易被氧化,所以在保存酚及其含有 ＿＿＿＿ 的药物时,应避免与空气接触。

3. 在一定条件下醇可以被氧化,其中 ＿＿＿＿＿＿＿ 氧化生成醛,仲醇氧化生成 ＿＿＿＿；不易被氧化的醇是 ＿＿＿＿。

4. 开塞露是 ＿＿＿＿＿＿＿ 的水溶液,临床上常用来灌肠治疗 ＿＿＿＿＿＿＿＿。

5. 将稍许苯酚溶于水,溶液变浑浊,这是物理变化;向该溶液中滴加 NaOH 溶液,溶液 ＿＿＿＿＿＿,这是 ＿＿＿＿＿＿＿ 变化;再向该澄清液中通入二氧化碳,溶液 ＿＿＿＿＿＿。

6. 苯二酚有 ＿＿＿＿ 种位置异构体。

7. 在临床上甘露醇常作 ＿＿＿＿＿＿＿,也可作为 ＿＿＿＿＿＿＿。

二、简答题

1. 用系统命名法命名下列化合物

(1) $CH_3—CH_2—\underset{\underset{\displaystyle CH_3}{|}}{CH}—OH$

(2) $CH_3—\underset{\underset{\displaystyle OH}{|}}{CH}—\underset{\underset{\displaystyle CH_3}{|}}{CH}—CH_3$

(3)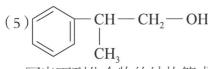

(4) $CH_3—CH_2—O—CH_3$

(5)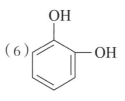

(6)
OH
OH

2. 写出下列化合物的结构简式

(1) 乙醇

(2) 甲乙醚

(3) 甘露醇

(4) 石炭酸

3. 用化学方法鉴别下列各组溶液

(1) 1, 3- 丙二醇和丙三醇

(2) 乙醇、乙醚和苯酚

4. 拓展提高　化学式为 C_3H_8O 的 A、B 两种物质,A 与金属 Na 反应产生 H_2,B 不与金属 Na 反应,A 在浓硫酸催化下分子内脱水可生成 1- 丙烯。根据上述性质试写出 A、B 可能有的结构简式和名称。

第四章 | 醛 和 酮

04章 数字资源

学习目标

1. 具有从微观结构差异和特点认识物质多样性的能力,树立环保意识,自觉践行绿色发展理念,培养社会责任感。
2. 掌握醛、酮的结构、命名、化学性质。
3. 熟悉醛、酮的分类。
4. 了解常见的醛、酮化合物。
5. 学会用化学方法鉴别醛、酮,并将所学知识应用在医学、生活实践中。

 导入案例

甲醛是一种无色有强烈刺激性气味的气体。研究表明,甲醛具有致癌性和致突变性。急性甲醛中毒表现为对皮肤、黏膜的刺激作用。慢性甲醛中毒降低机体的呼吸功能,影响机体的免疫应答,对心血管系统、内分泌系统等都具有毒性作用。

请思考:

1. 甲醛的结构式和官能团?
2. 如何除去室内的甲醛?

第一节　醛和酮的结构和命名

醛、酮是烃的含氧衍生物。其分子结构中含有羰基($\overset{O}{\underset{}{\overset{\parallel}{-C-}}}$),属于羰基化合物。羰基化合物广泛存在于自然界中,在生物体代谢过程中起重要作用。有些天然醛、酮是植物药的有效成分,有显著的生物活性。

一、醛和酮的结构和分类

（一）结构

羰基分别与 1 个烃基和 1 个氢原子相连形成的化合物称为醛（甲醛是羰基与 2 个氢原子相连）。羰基与 2 个烃基相连的化合物称为酮。其结构通式为：

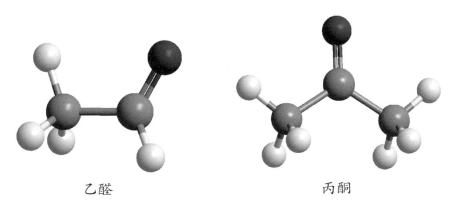

醛的官能团是醛基（ $\overset{O}{\underset{}{\overset{\parallel}{H-C-}}}$ ），简写为—CHO。酮的官能团是羰基（ $\overset{O}{\underset{}{\overset{\parallel}{-C-}}}$ ），也称为酮基。饱和一元脂肪醛、酮互为同分异构体，其通式为 $C_nH_{2n}O$。乙醛、丙酮的球棍模型见图 4-1。

乙醛   丙酮

图 4-1　乙醛、丙酮的球棍模型

（二）分类

醛、酮的分类有多种方式，见表 4-1。

表 4-1　醛、酮的分类

分类方法	类型	实例	
根据烃基的结构不同	脂肪醛、酮	CH_3-CHO	$\begin{array}{c}H_3C\\H_3C\end{array}\!\!\!>\!C=O$
	芳香醛、酮	—CHO	—C—CH$_3$
	脂环醛、酮	—CHO	=O

分类方法	类型	实例	
根据烃基的饱和程度	饱和醛、酮	$CH_3CH_2CH_2CHO$	$\underset{\displaystyle\|}{\overset{O}{\underset{}{}}}$ $CH_3CH_2CCH_3$
	不饱和醛酮	$CH_3CH=CHCHO$	$\overset{O}{\|}$ $CH_2=CHCCH_3$
根据羰基的数目	一元醛、酮	CH_3CH_2CHO	$\overset{O}{\|}$ $CH_3CH_2CCH_3$
	多元醛、酮	$OHCCH_2CHO$	$\overset{O}{\|}\quad\overset{O}{\|}$ $CH_3CCH_2CCH_3$

二、醛和酮的命名

（一）普通命名法

普通命名法只适用于比较简单的醛、酮。醛的命名与醇相似,只需根据碳原子数称为"某醛"。酮的命名与醚相似,按羰基所连的 2 个烃基来命名。例如:

$$CH_3CHO \qquad CH_3COCH_3 \qquad CH_3COCH_2CH_3$$
$$乙醛 \qquad\qquad 二甲酮 \qquad\qquad 甲乙酮$$

（二）系统命名法

1. 选主链 选择含有羰基的最长碳链作为主链,称为"某醛"或"某酮"。

2. 编号 从靠近羰基的一端给主链碳原子编号。

3. 定名称 标明醛基、酮基位次时,由于醛基在链的首端,命名时不需要标明位次,酮基的位次则需要标明。如有取代基,按照位次、数目、名称写在醛或酮之前。例如:

$$\overset{4}{CH_3}-\overset{3}{CH_2}-\overset{2}{\underset{\underset{CH_3}{\|}}{CH}}-\overset{1}{CHO} \qquad \overset{1}{CH_3}-\overset{2}{\underset{\underset{CH_3}{\|}}{CH}}-\overset{\overset{O}{\|}}{\underset{3}{C}}-\overset{4}{CH_2}-\overset{5}{CH_3}$$

$$2\text{-甲基丁醛} \qquad\qquad\qquad 2\text{-甲基-3-戊酮}$$

对醛和酮的主链编号时,主链碳原子也可以采用希腊字母标注,与羰基相连的碳依次用 α、β、γ…等表示。例如:

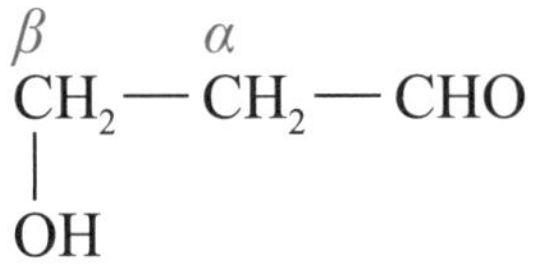

$$\overset{\beta}{C}H_2 - \overset{\alpha}{C}H_2 - CHO$$

OH

β-羟基丙醛

$$OHC - \overset{\alpha}{C}H - \overset{\beta}{C}H_2 - \overset{\gamma}{C}H_3$$

CH₃

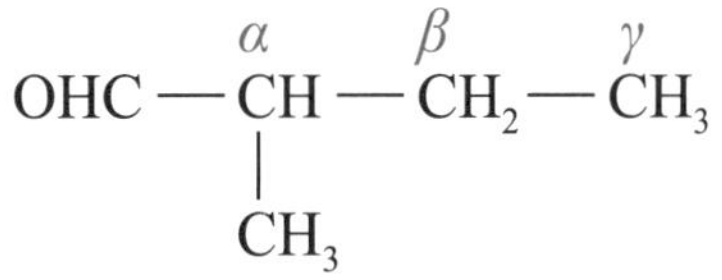

α-甲基丁醛

芳香醛酮命名时,以脂肪醛、酮为母体,芳香烃基作为取代基来命名。例如:

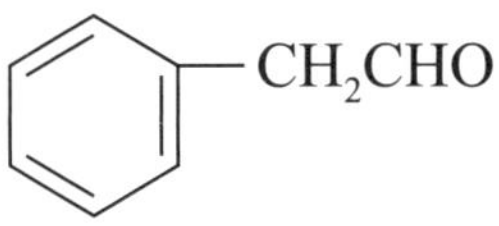

CH₂CHO

苯乙醛

$$\overset{O}{\underset{\|}{C}} - CH_3$$

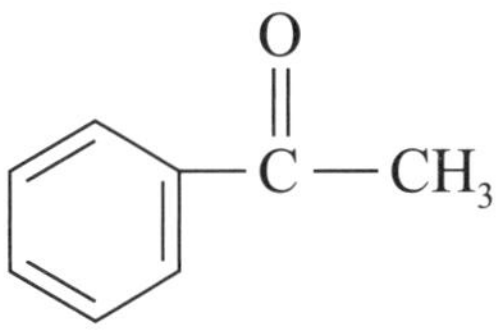

苯乙酮

脂环醛是以脂肪醛为母体,环基为取代基。脂环酮根据构成环的碳原子总数称为"环某酮"。例如:

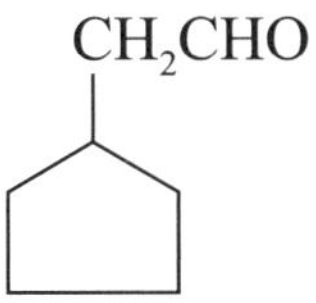

CH₂CHO

环戊基乙醛

O

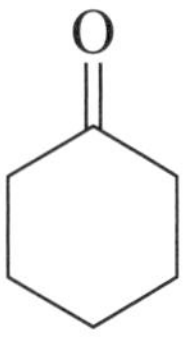

环己酮

学与练

用系统命名法命名下列化合物。

（1）$CH_3 - \overset{O}{\underset{\|}{C}} - H$

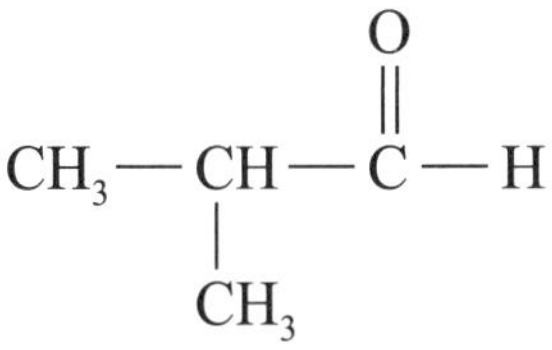

CH₃

（2）$CH_3 - \overset{O}{\underset{\|}{C}} - CH - CH_3$

CH₃

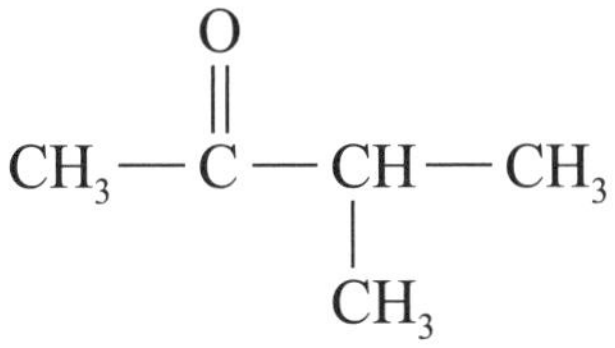

第二节 醛和酮的性质

一、物 理 性 质

常温下除甲醛是气体外,十二个碳原子以下的脂肪醛、酮是液体,高级脂肪醛、酮和芳香酮多为固体。低级醛一般具有强烈的刺激性气味,中级醛多具有花果香味,常用于香料工业中。

由于醛、酮分子间不能形成氢键,故其沸点低于相对分子质量相近的醇。羰基氧能和水分子形成氢键,故低级醛、酮易溶于水,随着醛酮分子中烃基的增大,其水溶性不断降低。含 6 个碳以上的醛、酮几乎不溶于水，但可溶于乙醚、甲苯等有机溶剂。

二、化 学 性 质

醛、酮是两类不同的化合物。一方面，醛、酮结构中都含有羰基，因而有相似的化学性质；另一方面，醛、酮的羰基所连接的基团不同，化学性质又有差异。一般情况下醛的化学性质比酮活泼，表现在一些化学反应醛能发生，酮较难或不能发生。

（一）醛、酮相似的化学性质

1. 加成反应　羰基与碳碳双键相似，能发生加成反应。

（1）与氢气加成：醛、酮分子中的羰基都可以被还原。醛加氢还原后的产物是伯醇，酮加氢还原后的产物是仲醇。

$$\underset{\text{乙醛}}{\overset{H_3C}{\underset{H}{\diagup}}C=O} + H_2 \xrightarrow{Ni} \underset{\text{乙醇（伯醇）}}{CH_3CH_2OH}$$

$$\underset{\text{丙酮}}{\overset{H_3C}{\underset{H_3C}{\diagup}}C=O} + H_2 \xrightarrow{Ni} \underset{\text{2-丙醇（仲醇）}}{CH_3\overset{\overset{\displaystyle OH}{|}}{C}HCH_3}$$

（2）与醇加成：醛在无水氯化氢作用下，与醇发生加成反应，生成半缩醛，分子中同时产生半缩醛羟基。

$$CH_3CH_2-\overset{\overset{\displaystyle O}{\|}}{C}-H + CH_3OH \underset{}{\overset{\text{无水}HCl}{\rightleftharpoons}} CH_3CH_2-\overset{\overset{\displaystyle OH}{|}}{\underset{\underset{\displaystyle OCH_3}{|}}{C}}-H \quad \longleftarrow \text{半缩醛羟基}$$

半缩醛一般不稳定。这是因为半缩醛羟基比较活泼，可继续与另一分子醇反应，脱水生成较稳定的缩醛。

$$\underset{\text{半缩醛}}{CH_3CH_2-\overset{\overset{\displaystyle OH}{|}}{\underset{\underset{\displaystyle OCH_3}{|}}{C}}-H} + CH_3OH \xrightarrow{\text{无水}HCl} \underset{\text{缩醛}}{CH_3CH_2-\overset{\overset{\displaystyle OCH_3}{|}}{\underset{\underset{\displaystyle OCH_3}{|}}{C}}-H} + H_2O$$

缩醛在碱性溶液中较稳定，在稀酸溶液中易水解为原来的醛和醇，因此在药物合成中常利用生成缩醛来保护活性较高的醛基。

某些酮与醇也可以发生类似反应，生成半缩酮和缩酮。但反应缓慢，甚至难以进行。

（3）与氰化氢（HCN）加成：醛、脂肪族甲基酮及 8 个碳以下的环酮能与 HCN 发生加成反应生成 α- 氰醇，又称为 α- 羟基腈。反应产物比原来的醛和酮增加了 1 个碳原子，是有机合成中增长碳链的方法之一。此反应为可逆反应。

$$H_3C-\underset{H}{\overset{}{C}}=O \ + \ HCN \ \rightleftharpoons \ H_3C-\underset{CN}{\overset{OH}{\underset{|}{\overset{|}{C}}}}-H$$

乙醛 \qquad\qquad\qquad α-乙氰醇

HCN 易挥发，且剧毒，实验中一般采用氰化钾（或氰化钠）的水溶液与醛酮混合，再滴加无机强酸，保证反应生成的 HCN 随即与醛酮反应。该反应操作应在通风橱中进行。

（4）与 $NaHSO_3$ 加成：醛、脂肪族甲基酮及 8 个碳以下的环酮能与饱和 $NaHSO_3$ 溶液发生加成反应生成醛酮的亚硫酸氢钠加成物。此反应为可逆反应，若其产物与酸或碱共热，又能分解为原来的醛和酮。

$$\underset{H_3C}{\overset{H_3C}{>}}C=O \ + \ NaHSO_3 \ \rightleftharpoons \ H_3C-\underset{SO_3Na}{\overset{OH}{\underset{|}{\overset{|}{C}}}}-CH_3 \downarrow$$

丙酮 \qquad\qquad\qquad α-羟基磺酸钠

α- 羟基磺酸钠能溶于水，但不溶于饱和 $NaHSO_3$ 溶液，以白色晶体析出。所以此反应可用于鉴别醛、脂肪族甲基酮及 8 个碳以下的环酮。

（5）与氨的衍生物加成：醛、酮能与氨的衍生物（如羟胺、肼、苯肼、2，4- 二硝基苯肼等）先加成后脱水生成含碳氮双键的化合物。反应式如下：

$$\underset{R}{\overset{(R')H}{>}}C=O \ + \ H-\underset{|}{\overset{H}{N}}-G \ \longrightarrow \ \underset{R}{\overset{(R')H}{>}}\underset{|}{\overset{OH}{C}}-\underset{|}{\overset{H}{N}}-G$$

$$\underset{R}{\overset{(R')H}{>}}\underset{|}{\overset{OH}{C}}-\underset{|}{\overset{H}{N}}-G \ \longrightarrow \ \underset{R}{\overset{(R')H}{>}}C=N-G \ + \ H_2O$$

上述反应也可简单地表示为：

$$\underset{R}{\overset{(R')H}{>}}C=O \ + \ H_2N-G \ \longrightarrow \ \underset{R}{\overset{(R')H}{>}}C=N-G \ + \ H_2O$$

上式中H_2N—G代表氨的衍生物,其中 G 代表不同的取代基。几种常见的氨的衍生物与醛、酮反应的产物见表 4-2。

表 4-2　氨的衍生物与醛、酮反应的产物

氨的衍生物	与醛、酮反应的产物
H_2N—OH 羟胺	$\overset{(R')H}{\underset{R}{}}\!\!C{=}N{-}OH$ 肟
H_2N—NH_2 肼	$\overset{(R')H}{\underset{R}{}}\!\!C{=}N{-}NH_2$ 腙
H_2N—NH—⬡ 苯肼	$\overset{(R')H}{\underset{R}{}}\!\!C{=}N{-}NH{-}⬡$ 苯腙
H_2N—NH—苯环(NO_2,NO_2) 2,4-二硝基苯肼	$\overset{(R')H}{\underset{R}{}}\!\!C{=}N{-}NH{-}苯环(NO_2,NO_2)$ 2,4-二硝基苯腙

氨的衍生物与醛、酮反应的产物大多是晶体,具有固定的熔点,测定其熔点就可以推知是由哪一种醛或酮所生成的。尤其是 2,4-二硝基苯肼几乎能与所有的醛、酮迅速反应,生成橙黄色或橙红色的 2,4-二硝基苯腙晶体,因此常用来鉴别醛、酮。

2. α-H 的反应　因受羰基影响,醛、酮分子中 α-H 比较活泼,容易被其他原子或基团所取代。

在酸或碱的催化下,醛、酮分子中的 α-H 可逐步被卤素取代生成 α-卤代醛、酮。在酸催化下,可通过控制反应条件,得到一卤代产物(二步反应)。

$$R{-}\overset{O}{\overset{\|}{C}}{-}CH_3 + X_2 \xrightarrow{\ H^+\ } R{-}\overset{O}{\overset{\|}{C}}{-}\underset{\underset{X}{|}}{CH_2}$$

在碱(常用卤素的氢氧化钠溶液或次卤酸钠)催化下反应,具有 $H_3C{-}\overset{O}{\overset{\|}{C}}{-}$ 结构的醛或酮,甲基的 3 个氢原子都被卤素原子取代生成三卤代物。

$$\text{H}_3\text{C}\overset{\overset{\displaystyle O}{\|}}{-}\text{C}-\text{H(R)} + \text{I}_2 \xrightarrow{\text{NaOH}} \text{I}_3\text{C}\overset{\overset{\displaystyle O}{\|}}{-}\text{C}-\text{H(R)}$$

三卤代物在碱性溶液中不稳定，立即分解成羧酸盐和卤仿（CHX₃），此反应称为卤仿反应。 最有代表性的是碘仿反应，碘仿是不溶于水的淡黄色晶体，并有特殊气味，容易观察，常用来鉴别乙醛、甲基酮。

$$\text{I}_3\text{C}\overset{\overset{\displaystyle O}{\|}}{-}\text{C}-\text{H(R)} \xrightarrow{\text{NaOH}} \text{(R)HCOONa}+\text{CHI}_3\downarrow$$

含有 $\overset{\overset{\displaystyle OH}{|}}{\text{H}_3\text{C}-\text{CH}}-$ 结构的醇能被次碘酸钠氧化成相应的甲基酮或乙醛，故也可发生碘仿反应。

（二）醛的特殊化学性质

醛由于其羰基上连有氢原子，比较活泼，不仅能被强氧化剂（如 $KMnO_4$ 等）氧化，也能被弱氧化剂（如托伦试剂、费林试剂等）氧化，生成同碳原子数的羧酸，而酮不能被弱氧化剂氧化。因此可利用这一性质鉴别醛与酮。

1. 与托伦试剂的反应　托伦试剂是硝酸银的氨溶液，主要成分是 $[Ag(NH_3)_2]^+$。它能将醛氧化成羧酸，$[Ag(NH_3)_2]^+$ 被还原成金属银沉积在试管壁上形成银镜，故称为**银镜反应**。

$$\text{CH}_3\text{CHO} + 2[\text{Ag(NH}_3)_2]\text{OH} \xrightarrow{\triangle} \text{CH}_3\text{COONH}_4 + 2\text{Ag}\downarrow + 3\text{NH}_3\uparrow + \text{H}_2\text{O}$$

所有醛均能发生银镜反应，而酮不能，因此可用此反应鉴别醛、酮。

 科学史话

银 镜 反 应

德国化学家、化学教育家李比希（J. von Liebig, 1803—1873）创立了有机化学。1835年，李比希发明了化学镀银法，使玻璃镜子开始普及。这种镜子背面发亮的东西，是一层薄薄的银层，这层银是利用一种特殊而有趣的化学反应——银镜反应镀上去的。为了增强镜子的耐用性，通常在镀银以后，还在银层外涂刷一层红色的保护漆，银层就不容易脱落和损坏了，镜子也更加清晰和耐用，并一直沿用至今。

2. 与费林试剂的反应　费林试剂由两种溶液组成。费林试剂甲是 $CuSO_4$ 溶液，费林试剂乙是酒石酸钾钠的氢氧化钠溶液。使用时，两种溶液等体积混合，振荡后得到深蓝色透明溶液即费林试剂，主要成分是 Cu^{2+} 的配离子。

醛与费林试剂共热，被氧化为羧酸，Cu^{2+} 被还原为 Cu_2O 的砖红色沉淀。

$$CH_3CHO + 2Cu^{2+} + 4OH^- \xrightarrow{\triangle} CH_3COOH + Cu_2O\downarrow + 2H_2O$$

甲醛的还原性比较强，与费林试剂共热，Cu^{2+} 被还原为光亮的金属铜，在干燥的试管壁上形成铜镜。该反应可用于甲醛与其他醛的鉴别。

$$HCHO + Cu^{2+} + 2OH^- \xrightarrow{\triangle} HCOOH + Cu\downarrow + H_2O$$

芳香醛不与费林试剂作用，因此，利用费林试剂可区分脂肪醛与芳香醛。

3. 与希夫试剂的反应　品红是一种红色染料，将二氧化硫通入品红水溶液中后，品红的红色褪去，得到的无色溶液称为希夫试剂。醛与希夫试剂作用显紫红色，酮则与希夫试剂不反应。醛的显色反应非常灵敏，可用于鉴别醛类化合物。

甲醛与希夫试剂作用显紫红色后，遇硫酸紫红色不消失，其他醛所显紫红色遇硫酸颜色褪去。故用此方法可将甲醛与其他醛区分开来。

 学与练

用化学方法鉴别下列各组物质。

（1）丙醛和 3- 戊酮　　　　　　（2）苯乙酮和苯甲醛

第三节　常见的醛和酮

一、甲　醛

甲醛（$HCHO$）又称为蚁醛，常温下是一种无色、易溶于水、有刺激性气味的气体。医药上将 37%~40% 的甲醛水溶液称为福尔马林。福尔马林能使蛋白质凝固，对细菌、芽孢、真菌、病毒具有杀灭作用。临床上福尔马林是一种有效的消毒剂和防腐剂，可用于外科器械、手套、污染物等的消毒，以及保存解剖标本的防腐剂。甲醛溶液与液氨共同蒸发时，可得到一种白色晶体，称为环六亚甲基四胺，药品名称为乌洛托品。医药上常用作尿路消毒剂，因为它在病人体内慢慢分解生成甲醛，甲醛由尿路排出时，即可将细菌杀死。

 知识拓展

甲醛的危害及防治

甲醛是最简单的醛类化合物。它对人体健康危害极大，具有刺激性、致敏性、致突变性和致癌性等多种危害。室内甲醛主要来源于建筑材料、家具、人造板材、各种黏合剂涂料和合成纺织品等。

除去家居中的甲醛污染常用的方法：①通风，如装修刚结束时，甲醛污染释放量最大，较好的办法就是开窗通风。②种植植物，适当的种养一些吊兰、绿萝等绿色植物。③活性炭法，利用活性炭吸附甲醛等有害物质，在衣橱、书柜、电视柜等家具中摆放一些活性炭。④光触媒法，是目前较流行的甲醛清除方法。具有代表性的光触媒材料是二氧化钛，通过可见光活化的光触媒能够在有光线的地方分解空气中、家具中存在的甲醛。

二、乙 醛

乙醛（CH_3CHO）是无色、易挥发、具有刺激性气味的液体，能溶于水、乙醇、乙醚等溶剂。乙醛的衍生物三氯乙醛，易与水加成得到水合三氯乙醛，简称水合氯醛，临床可用作催眠药和抗惊厥药。

三、戊 二 醛

戊二醛（$OHCCH_2CH_2CH_2CHO$）为无色油状液体，味苦，有微弱的甲醛气味。戊二醛是一类消毒防腐药，具有广谱、高效的灭菌作用，具有对金属腐蚀性小、受有机化合物影响小等优点，常用于医疗器械，各种餐具和室内各种用具的消毒。研究证明戊二醛对细菌繁殖体、芽孢、病毒、结核杆菌和真菌等，均有很好的杀灭作用。

四、苯 甲 醛

苯甲醛()是最简单的芳香醛，以结合态存在于许多果实的种子，尤以苦杏仁中含量最高，具有苦杏仁味，又称为苦杏仁油。苯甲醛为无色液体，微溶于水，易溶于乙醇和乙醚中。

苯甲醛久置空气中容易被氧化成苯甲酸白色晶体，因此在保存苯甲醛时常加入少量的对苯二酚作抗氧化剂。苯甲醛是有机合成中重要的原料，用于制备药物、香料和染料。

五、丙 酮

丙酮（CH_3COCH_3）是最简单的酮，为无色、易挥发、易燃的液体，有特殊气味。丙酮能溶于水、乙醚、乙醇等溶剂，还能溶解多种有机化合物，是一种重要的有机溶剂。

糖尿病病人尿液中丙酮的检验

丙酮是人体内脂肪酸分解代谢的中间产物,正常情况下人体血液中丙酮的含量很低。糖尿病病人由于糖代谢紊乱,常有过量的丙酮产生,并随呼吸或尿液排出。

医学上,检验糖尿病病人尿液是否含有丙酮的常用方法是向尿液中滴加亚硝酰铁氰化钠溶液和氨水。如有过量丙酮存在,尿液即呈紫红色。这是丙酮的特性反应。

项目	醛	酮
官能团	$\overset{\displaystyle O}{\underset{\displaystyle H-C-}{\parallel}}$	$\overset{\displaystyle O}{\underset{\displaystyle -C-}{\parallel}}$
分类	①根据烃基的结构不同;②根据烃基的饱和程度;③根据羰基的数目不同	
命名	①选主链;②定编号;③写名称	
共性	①加成反应:与 H_2、HCN、$NaHSO_3$、氨的衍生物发生反应;② α-活泼氢的反应:卤仿反应(碘仿反应)	
特性	①与弱氧化剂反应:托伦反应、费林反应;②与希夫试剂反应	丙酮与亚硝酰铁氰化钠溶液和氨水作用,呈紫红色,这是丙酮的特性

章末小结

(庞晓红)

 思考与练习

一、填空题

1. 醛、酮都属于_____,醛的官能团为_____,酮的官能团为_____,饱和一元脂肪醛和饱和一元脂肪酮通式均为_____,同碳原子数的二者互为_____。

2. 在催化加氢条件下,醛加氢还原生成_____醇,酮加氢还原生成_____醇。

3. 37%~40% 的_____水溶液俗称福尔马林,因其能使蛋白质_____,具有_____作用,所以常用作灭菌剂及保存动物标本等。

4. 托伦试剂属于_____,只能使_____氧化,而不能使_____氧化。

二、简答题

1. 用系统法命名下列化合物或写出结构简式

（1）丙醛

（2)3- 甲基苯甲醛

（3）3- 甲基 -2- 丁酮

（4）
$$CH_3 - \overset{\overset{\displaystyle O}{\|}}{C} - CH_3$$

（5） 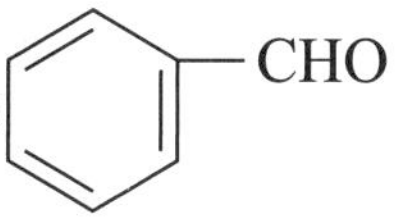
benzene-CHO

（6）
$$\overset{\overset{\displaystyle O}{\|}}{CH_3CCH_2CH(CH_3)_2}$$

2. 用化学方法鉴别下列各组化合物

（1）戊醛　3- 戊酮　2- 戊醇

（2）苯酚　苯甲醛　丙酮

第五章 | 羧酸和取代羧酸

学习目标

1. 具有利用化学变化及其规律分析和解决问题的能力。
2. 掌握羧酸及取代羧酸的命名和化学性质。
3. 熟悉羧酸及取代羧酸的结构和分类。
4. 了解羧酸的物理性质及常见的羧酸和取代羧酸。
5. 学会运用化学方法鉴别甲酸及其他简单的羧酸。

 导入案例

病人,男,58 岁,患糖尿病多年,长期血糖控制不好,入院前病人出现腹痛、恶心、呕吐、呼吸深快症状,呼气中有烂苹果味,且家属发现病人情绪烦躁不安,急送医院。入院后经实验室检查,血气分析提示,pH 7.01,尿酮体(+++),尿糖(++++),随机血糖 28.9mmol/L。诊断:糖尿病酮症酸中毒。

请思考:

1. 酮体是什么? 为何会引发酸中毒?
2. 尿酮体的检查方法及原理。

羧酸是具有酸性的有机化合物,由烃基(或氢原子)与羧基(—COOH)相连而构成。羧酸分子中烃基上的氢原子被其他原子或基团取代后生成的化合物称为取代羧酸。这两类有机化合物广泛存在于自然界中,具有明显的生理活性,其中许多物质在人体代谢、药物合成、医学检验中有着重要作用。

第一节 羧　　酸

一、羧酸的结构和分类

（一）结构

羧酸的官能团是**羧基（—COOH）。在结构上，羧酸可以看作是烃分子中的氢原子被羧基取代后生成的化合物（甲酸除外）。**例如，乙酸的结构模型见图 5-1。

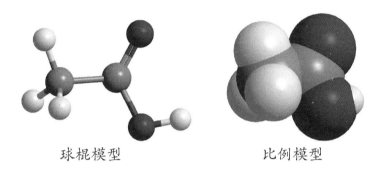

球棍模型　　　　　　　　　　比例模型

图 5-1　乙酸的结构模型

羧酸的结构通式为：

$$\text{(Ar)}R\overset{\displaystyle O}{\overset{\displaystyle \|}{-C}}-OH$$

（二）分类

根据羧酸分子所连接烃基的不同，羧酸可以分为脂肪酸、脂环酸和芳香酸。脂肪酸根据烃基的饱和程度，又分为饱和脂肪酸和不饱和脂肪酸。根据羧酸分子中所含羧基的数目，羧酸可分为一元酸、二元酸和多元酸，见表 5-1。

表 5-1　羧酸的分类

分类方法	类型		实例
根据烃基的种类	脂肪酸	饱和脂肪酸	CH_3COOH （乙酸）
		不饱和脂肪酸	$CH_2=CHCOOH$ （丙烯酸）
	脂环酸		—CH$_2$COOH （环己基乙酸）

分类方法	类型	实例
根据烃基的种类	芳香酸	（苯甲酸）
根据羧基的数目	一元酸	H—COOH（甲酸）
	二元酸	COOH | COOH（乙二酸）

二、羧酸的命名

（一）饱和一元羧酸的命名

选择含羧基的最长碳链为主链,根据主链碳原子数目的多少称为"某酸"。从羧基碳原子开始,用阿拉伯数字给主链碳原子依次编号。对于简单的羧酸,也可用希腊字母来表示取代基的位次,即从羧基直接相连的碳原子开始,依次为 α、β、γ、δ……等,最末端碳原子的位次为 ω。支链可看作取代基,取代基的位置、数目和名称标在"某酸"之前。例如:

$$\overset{3}{\underset{\beta}{CH_3}}-\overset{2}{\underset{\alpha}{CH}}-\overset{1}{COOH} \\ \quad\quad | \\ \quad\quad CH_3$$

2-甲基丙酸
（α-甲基丙酸）

$$\overset{5}{\underset{\delta}{CH_3}}-\overset{4}{\underset{\gamma}{CH}}-\overset{3}{\underset{\beta}{CH}}-\overset{2}{\underset{\alpha}{CH_2}}-\overset{1}{COOH} \\ \quad\quad | \quad\quad | \\ \quad\quad CH_3 \quad CH_3$$

3,4-二甲基戊酸
（β,γ-二甲基戊酸）

（二）不饱和脂肪酸的命名

选择含羧基和不饱和键都在内的最长碳链为主链,称为"某烯酸"或"某炔酸",从羧基碳原子开始编号,并注明双键或三键的位次。例如:

$$\overset{4}{CH_3}-\overset{3}{C}=\overset{2}{CH}-\overset{1}{COOH} \\ \quad\quad | \\ \quad\quad CH_3$$

3-甲基-2-丁烯酸

$$\overset{5}{CH_2}=\overset{4}{CH}-\overset{3}{CH}-\overset{2}{CH_2}-\overset{1}{COOH} \\ \quad\quad\quad | \\ \quad\quad\quad CH_2CH_3$$

3-乙基-4-戊烯酸

（三）芳香酸和脂环酸命名

把脂肪酸作为母体，芳香环或脂肪环看作取代基来命名。例如：

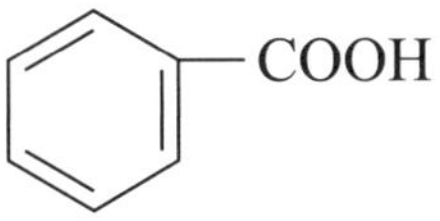

苯甲酸 —COOH

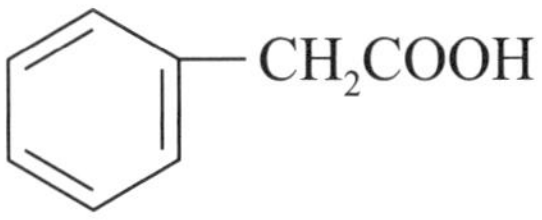

苯乙酸 —CH₂COOH

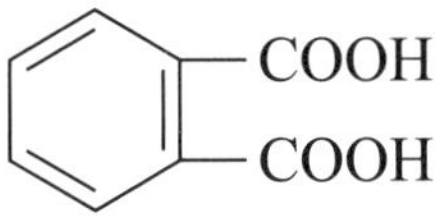

邻苯二甲酸 —COOH —COOH

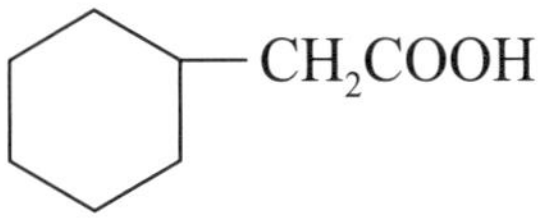

环戊（基）乙酸 —CH₂COOH

（四）二元酸的命名

选择含 2 个羧基在内的最长碳链为主链，根据主链上碳原子的数目称为"某二酸"。例如：

乙二酸 COOH COOH

$$\overset{1}{HOOC}-\overset{2}{CH}-\overset{3}{CH_2}-\overset{4}{COOH}$$
$$\underset{CH_3}{|}$$

2-甲基丁二酸（α-甲基丁二酸）

常见的羧酸还可根据其来源等命名。如甲酸最早从蚂蚁中获得，又称为蚁酸；乙酸是食醋的主要成分，又称为醋酸；其他还有草酸、琥珀酸、安息香酸等。

 学与练

用系统命名法命名下列化合物或写出结构简式。

（1）$CH_3-CH-CH_2-COOH$ 下接 CH_3

（2）$HOOC-\bigcirc-COOH$

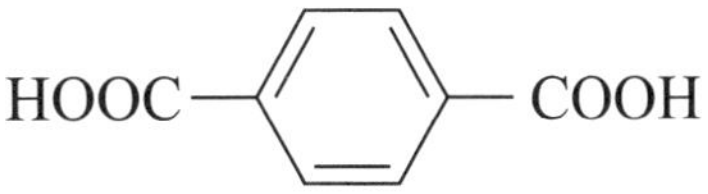

（3）苯甲酸

（4）醋酸

三、羧酸的性质

（一）物理性质

在饱和一元羧酸中，$C_1 \sim C_3$ 的羧酸都是具有刺激性气味的液体，$C_4 \sim C_9$ 的羧酸是腐败恶臭气味的油状液体，C_{10} 以上的高级脂肪羧酸是无味蜡状的固体；脂肪族二元羧酸和芳香族羧酸都是结晶固体。

羧酸结构中羧基是亲水基团，能与水形成氢键。低级羧酸易溶于水，随着相对分子质量的增加，羧酸在水中的溶解度逐渐减小。多元酸的水溶性大于相同碳原子数的一元酸。芳香羧酸的水溶性极小。

饱和一元羧酸的沸点随着相对分子质量的增加而升高。羧酸的沸点比相对分子质量相近的醇高。如甲酸和乙醇的相对分子质量均为 46，甲酸的沸点为 100.5℃；乙醇的沸点只有 78.4℃，这是因为羧酸分子不仅可与水分子形成氢键，而且羧酸分子之间也可以形成氢键，缔合形成稳定的二聚体。

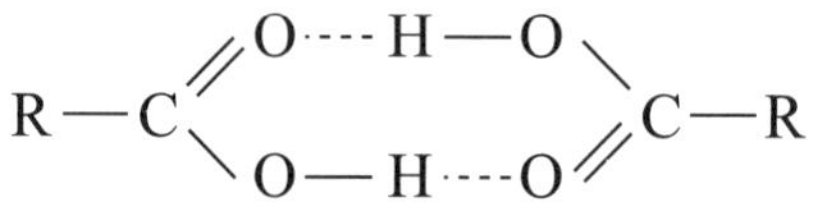

羧酸分子间的氢键

（二）化学性质

羧酸的化学性质主要发生在官能团羧基上。羧酸的性质可以从结构上预测，有以下几类：

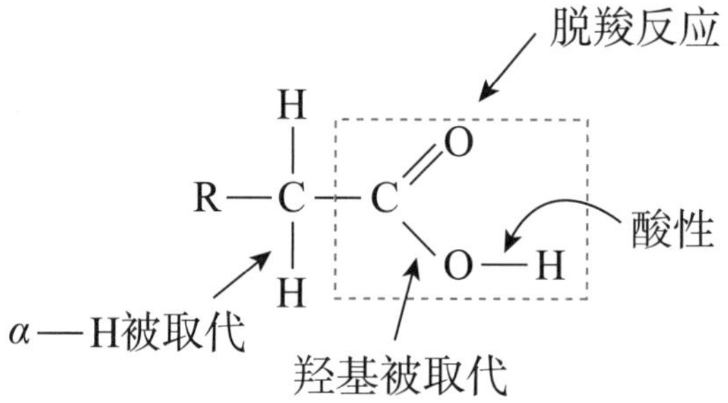

1. 酸性　羧酸由于羧基中的羰基和羟基之间的相互影响，使得羟基易解离出 H^+ 而呈现明显的酸性，能使紫色石蕊试液变红。

$$R-COOH \rightleftharpoons R-COO^- + H^+$$

羧酸一般是弱酸，但酸性比碳酸强。不仅可以和 NaOH 发生中和反应，生成盐和水，还能与碳酸盐或碳酸氢盐反应。而苯酚的酸性比碳酸弱，不能与碳酸氢盐反应。利用这个性质，可以分离、鉴别羧酸和酚类化合物。

$$R-COOH + NaOH \longrightarrow R-COONa + H_2O$$

$$R-COOH + NaHCO_3 \longrightarrow R-COONa + H_2O + CO_2\uparrow$$

羧酸的钠盐、钾盐一般能溶于水，医药上常把一些含羧基、难溶于水的药物制成可溶性羧酸盐，以便配制水剂或注射液使用。如含有羧基的青霉素和氨苄青霉素水溶性差，就是将其制成钾盐或钠盐，以提高其在水中的溶解度。

2. 羧酸衍生物的生成　羧酸分子中羧基上的羟基被其他原子或基团取代后的产物称为羧酸衍生物，常见的羧酸衍生物有酰卤、酸酐、酯和酰胺等。

（1）酰卤的生成：羧酸与 PCl_5 或 PCl_3 作用，羧基中的羟基被氯原子取代生成酰氯。

$$CH_3-\overset{\displaystyle O}{\overset{\|}{C}}-OH + PCl_5 \longrightarrow CH_3-\overset{\displaystyle O}{\overset{\|}{C}}-Cl + POCl_3 + HCl$$

乙酰氯　　三氯氧磷

$$CH_3-\overset{\displaystyle O}{\overset{\|}{C}}-OH + PCl_3 \longrightarrow CH_3-\overset{\displaystyle O}{\overset{\|}{C}}-Cl + H_3PO_3$$

亚磷酸

（2）酸酐的生成：除甲酸外，其他一元羧酸在脱水剂 P_2O_5 或乙酐的作用下，发生分子间脱水，生成酸酐。

$$R-\overset{\displaystyle O}{\overset{\|}{C}}-O-H \quad\quad\quad R-\overset{\displaystyle O}{\overset{\|}{C}} \searrow$$
$$\xrightarrow[\triangle]{P_2O_5} \quad\quad\quad\quad O + H_2O$$
$$R-\overset{\displaystyle O}{\overset{\|}{C}}-OH \quad\quad\quad R-\overset{\displaystyle O}{\overset{\|}{C}} \nearrow$$

（3）酯的生成：**羧酸和醇脱水生成酯的反应称为酯化反应**。其通式为：

$$R-\overset{\displaystyle O}{\overset{\|}{C}}-OH + R'-OH \underset{\triangle}{\overset{\text{浓}H_2SO_4}{\rightleftharpoons}} R-\overset{\displaystyle O}{\overset{\|}{C}}-OR' + H_2O$$

酯

酯化反应是可逆反应，其逆反应为水解反应。由于该反应的化学反应速度较慢，为了缩短反应时间，常用浓硫酸做催化剂并加热。

实验证明，酯化反应的实质是羧酸分子中羧基上的羟基被醇分子中的烃氧基取代，生成酯和水。例如：

$$CH_3-\overset{\displaystyle O}{\overset{\|}{C}}-OH + H-OCH_2CH_3 \underset{\triangle}{\overset{\text{浓}H_2SO_4}{\rightleftharpoons}} CH_3-\overset{\displaystyle O}{\overset{\|}{C}}-OCH_2CH_3 + H_2O$$

乙酸乙酯

（4）酰胺的生成：羧酸与氨作用首先生成铵盐，然后铵盐受热发生分子内脱水生成酰胺。

$$CH_3-\overset{\displaystyle O}{\overset{\|}{C}}-OH + NH_3 \longrightarrow CH_3-\overset{\displaystyle O}{\overset{\|}{C}}-ONH_4 \xrightarrow{\triangle} CH_3-\overset{\displaystyle O}{\overset{\|}{C}}-NH_2 + H_2O$$

乙酰胺

3. 脱羧反应　**羧酸分子脱去羧基放出二氧化碳的反应称为脱羧反应**。饱和一元羧酸比较稳定，一般情况下不易发生脱羧反应，但在特殊条件下也可发生。例如羧酸的碱金属盐与碱石灰（NaOH/CaO）共热，可以发生脱羧反应，生成少1个碳原子的烃，实验室中用于制备低级烷烃。

$$CH_3COONa + NaOH \xrightarrow[\text{强热}]{CaO} CH_4\uparrow + Na_2CO_3$$

二元羧酸对热比较敏感，易脱羧。不同的二元羧酸加热的产物不同。例如：乙二酸晶体加热脱羧，生成甲酸，放出二氧化碳。

$$\begin{array}{c} COOH \\ | \\ COOH \end{array} \xrightarrow{\triangle} H-COOH + CO_2\uparrow$$

脱羧反应是生物体内的重要生物化学反应，人体代谢生成的二氧化碳就是羧酸在酶的催化下脱羧的结果。

学与练

用化学方法鉴别乙酸和苯酚。

四、常见的羧酸

（一）甲酸

甲酸（HCOOH）存在于蜂类、蚁类等昆虫的分泌物中。甲酸是具有刺激性气味的无色液体，易溶于水，有较强的腐蚀性。被蚂蚁或蜂类蜇咬后会引起皮肤红肿和疼痛，就是甲酸的缘故。12.5g/L甲酸水溶液称为蚁精，可用于治疗风湿病。甲酸可用作消毒防腐剂。

甲酸的结构比较特殊，羧基直接与氢原子相连。从结构上看，甲酸分子中既有羧基又有醛基，因此甲酸既有羧酸的性质，又有醛的性质。

$$醛基 \rightarrow H-\overset{\overset{\textstyle O}{\|}}{C}-OH \leftarrow 羧基$$

1. 有较强的酸性　甲酸的酸性比其他饱和一元酸的酸性强。

2. 具有还原性　甲酸能与托伦试剂发生银镜反应，能与费林试剂反应产生砖红色沉淀，还能使 $KMnO_4$ 溶液褪色。

（二）乙酸

乙酸（CH_3COOH）是食醋的主要成分。乙酸是具有强烈刺激性气味的无色液体，熔点 16.6℃，沸点 118℃，纯乙酸在室温低于熔点时，结成冰状固体，故又称为冰醋酸。乙酸可与水混溶,也可溶于乙醇、乙醚和其他有机溶剂。

乙酸可用作消毒防腐剂,如医药上常用0.5%~2%的乙酸溶液洗涤烧伤创面等。

（三）乙二酸

乙二酸($\begin{matrix} COOH \\ | \\ COOH \end{matrix}$)又称为草酸,是最简单的二元羧酸,广泛存在于植物中。乙二酸是无色结晶,通常含有2分子结晶水,可溶于水和乙醇,不溶于乙醚。乙二酸在饱和脂肪二元酸中酸性最强,具有还原性,容易被$KMnO_4$等强氧化剂氧化。日常生活中乙二酸溶液可以除去铁锈或蓝墨水的痕迹。

（四）苯甲酸

苯甲酸(⬡—COOH)又称为安息香酸,是最简单的芳香酸,最初是从安息香树的树胶中得到的。苯甲酸是无色晶体,易溶于热水、乙醇、乙醚和氯仿中。苯甲酸易挥发,具有抑菌防腐作用,毒性较低。因而苯甲酸及其钠盐常用作食品、药品和日用品的防腐剂。医药上,苯甲酸也可用于治疗真菌感染(如疥疮、各种癣)。

第二节　取 代 羧 酸

羧酸分子中烃基上的氢原子被其他原子或基团取代后生成的化合物称为取代羧酸,是具有复合官能团的化合物。常见的取代羧酸有羟基酸、醛酸、酮酸和氨基酸等。

一、羟 基 酸

羧酸分子中烃基上的氢原子被羟基取代后生成的化合物称为羟基酸。

（一）分类

羟基酸根据烃基的类别分为醇酸和酚酸两大类。醇酸是羟基连在脂肪烃基上的羟基酸,酚酸是羟基直接连在芳香环上的羟基酸。醇酸还可根据羟基与羧基的相对位置,分为α-、β-、γ-等羟基酸。

（二）命名

羟基酸系统命名以羧酸的命名为基础,将羟基作为取代基来命名,命名时必须指出羟基的位置。由于许多羟基酸是天然产物,经常根据来源来命名。例如:

$$CH_3—\underset{\underset{OH}{|}}{CH}—COOH \qquad HO—\underset{\underset{CH_2COOH}{|}}{CH}—COOH \qquad HO—\underset{\underset{HO—CH—COOH}{|}}{CH}—COOH$$

2-羟基丙酸或α-羟基丙酸　　　2-羟基丁二酸或　　　2,3-二羟基丁二酸
（乳酸）　　　　　　　α-羟基丁二酸　　　或α,β-二羟基丁二酸
　　　　　　　　　（苹果酸）　　　　　（酒石酸）

邻羟基苯甲酸　　3-羧基-3-羟基戊二酸　　3,4,5-三羟基苯甲酸
（水杨酸）　　　（柠檬酸）　　　　　（没食子酸）

二、酮　酸

分子中既含有羰基又含有羧基的化合物称为羰基酸，羰基酸可分为醛酸和酮酸。醛酸少见，本节只讨论酮酸。

（一）分类

根据酮酸分子中羧基和酮基的相对位置可分为 α- 酮酸、β- 酮酸、γ- 酮酸等。人体内糖、脂肪和蛋白质代谢的中间产物里就有 α- 酮酸或 β- 酮酸，具有重要的生理意义。

（二）命名

酮酸的系统命名与醇酸相似，也是以羧酸为母体，酮基作为取代基，编号从羧基碳原子开始，酮基的位次用阿拉伯数字或希腊字母表示，称为"某酮酸"。

$$CH_3-\overset{O}{\underset{\|}{C}}-COOH$$
丙酮酸

$$CH_3CH_2-\overset{O}{\underset{\|}{C}}-COOH$$
2-丁酮酸

$$CH_3-\overset{O}{\underset{\|}{C}}-CH_2COOH$$
3-丁酮酸

$$HOOC-\overset{O}{\underset{\|}{C}}-CH_2-COOH$$
2-酮基丁二酸

$$HOOC-\overset{O}{\underset{\|}{C}}-CH_2CH_2-COOH$$
2-酮基戊二酸（α-酮戊二酸）

三、常见的取代羧酸

（一）乳酸

乳酸（ $CH_3-\underset{\underset{OH}{|}}{CH}-COOH$ ）因最初是从酸牛奶中发现而得名。乳酸是糖类在缺氧条件下氧化的产物。人体在剧烈运动时需要大量能量，由于氧气供应不足，肌肉中的糖原酵解生成乳酸并放出一部分能量以供急需。当肌肉中乳酸含量增多，会使人感觉到肌肉酸胀。休息后，肌肉中的乳酸被转化或代谢，酸胀感消失。

在医药上，乳酸可作为消毒剂和外用防腐剂，其蒸气可用于空气的消毒灭菌。临床

上,乳酸钙用来治疗佝偻病等疾病;乳酸钠用于纠正酸中毒。

（二）苹果酸

苹果酸($\underset{\text{CH}_2\text{COOH}}{\overset{\text{HO}-\text{CH}-\text{COOH}}{|}}$)因在未成熟的苹果中含量较多而得名。天然苹果酸为
无色针状晶体,易溶于水和乙醇,是人体内糖代谢的中间产物,在酶的催化下脱氢氧化生
成草酰乙酸。

（三）柠檬酸

柠檬酸($\underset{\text{CH}_2-\text{COOH}}{\overset{\text{CH}_2-\text{COOH}}{\text{HO}-\overset{|}{\underset{|}{\text{C}}}-\text{COOH}}}$)又称为枸橼酸,存在于柑橘等水果中,以柠檬中含量
最多而得名。柠檬酸通常含有一分子结晶水,为无色透明晶体,易溶于水,有酸味,常用
来配制饮料。柠檬酸钠有防止血液凝固的作用,医药上用作抗凝剂。枸橼酸铁铵常用作
补血剂,治疗缺铁性贫血。柠檬酸镁是温和的泻剂。

（四）水杨酸

水杨酸(
$\underset{\text{OH}}{\overset{\text{COOH}}{\bigcirc}}$
)又称为柳酸,存在于柳树或水杨树树皮中。水杨酸为白色针

状结晶,微溶于冷水,易溶于沸水、乙醇和乙醚中。水杨酸分子中含酚羟基,遇 $FeCl_3$ 溶
液显紫红色,在空气中易被氧化。水杨酸具有清热、解毒和杀菌作用,常用作外用杀菌剂
和食品防腐剂。由于水杨酸对胃有强烈的刺激作用,不能直接内服,临床上常用水杨酸
钠盐、乙酰水杨酸(药品通用名为阿司匹林)等作内服药。

$$\underset{\text{乙酰水杨酸}}{\overset{\text{COOH}}{\underset{\overset{||}{\text{O}}}{\bigcirc-\text{O}-\text{C}-\text{CH}_3}}}$$

乙酰水杨酸

阿司匹林具有解热、镇痛、抗血栓形成及抗风湿作用,是常用的解热镇痛药。由阿司
匹林、非那西丁和咖啡因三者配伍的制剂称为复方阿司匹林,又称为 APC,不良反应较
阿司匹林小,故被广泛使用。

 科学史话

阿 司 匹 林

人类很早就发现了柳树、杨树等植物的提取物——天然水杨酸的药用价值。我国现

存最早的中药著作《神农本草经》记载，柳之根、皮、枝、叶均可入药，有清热解毒，利尿防风之效。古希腊医生希波克拉底在他的著作中提到过用柳叶汁来镇痛和退热。1897年，德国化学家菲力克斯·霍夫曼首次合成了乙酰水杨酸。1899年，德国某医药公司将乙酰水杨酸投入临床生产，并取其名为阿司匹林。

（五）丙酮酸

丙酮酸（
$$CH_3-\overset{\overset{\displaystyle O}{\|}}{C}-COOH$$
）是最简单的酮酸，是一种有刺激性臭味的液体，易溶于水。丙酮酸是人体内糖、脂肪和蛋白质代谢的中间产物，在酶的催化下可发生氧化脱羧反应生成乙酸和二氧化碳，也可发生还原反应生成乳酸。

（六）β- 丁酮酸

β- 丁酮酸（
$$CH_3-\overset{\overset{\displaystyle O}{\|}}{C}-CH_2COOH$$
）的纯品为无色黏稠液体，可与水或乙醇互溶。β-丁酮酸性质不稳定。

在受热或脱羧酶的作用下，β- 丁酮酸能发生脱羧反应生成丙酮。

$$CH_3-\overset{\overset{\displaystyle O}{\|}}{C}-CH_2COOH \xrightarrow[\triangle]{\text{脱羧酶}} CH_3-\overset{\overset{\displaystyle O}{\|}}{C}-CH_3 + CO_2\uparrow$$

β-丁酮酸　　　　　　　　　　丙酮

在体内还原酶的作用下，β- 丁酮酸可加氢还原生成 β-羟基丁酸。

$$CH_3-\overset{\overset{\displaystyle O}{\|}}{C}-CH_2COOH \underset{-2H}{\overset{+2H}{\rightleftharpoons}} CH_3-\overset{\overset{\displaystyle OH}{|}}{CH}-CH_2-COOH$$

β-丁酮酸　　　　　　　　　　β-羟基丁酸

临床上把 **β- 丁酮酸（又称为乙酰乙酸）**、**β- 羟基丁酸（又称为 β- 羟丁酸）和丙酮三者合称为酮体**。酮体是脂肪酸在肝内代谢的正常中间产物，正常情况下能进一步分解，因此正常人血液中酮体的含量很少（$<0.5\text{mmol/L}$）。但严重糖尿病病人，由于糖代谢发生障碍，脂肪代谢增强，血液和尿液中酮体含量增高。由于 β- 丁酮酸和 β- 羟基丁酸均呈酸性，故酮体含量增高可引起酸中毒，严重时引起病人昏迷甚至死亡。

种类	项目	内容
羧酸	羧酸的结构	通式为（Ar）R—COOH（甲酸除外）
	羧酸的分类	①根据分子所连烃基的种类；②根据分子所含羧基的数目
	羧酸的命名	系统命名法（与醛的命名相似）
	羧酸的化学性质	①酸性；②羧酸衍生物的生成；③脱羧反应
取代羧酸	取代羧酸的结构	羟基酸：羧酸分子中烃基上的氢原子被羟基取代后生成的化合物 酮酸：分子中既含有羧基又含有酮基的化合物
	取代羧酸的分类	羟基酸：根据烃基的类别分为醇酸和酚酸 酮酸：根据分子中羧基和酮基的相对的位置可分为 α-酮酸、β-酮酸、γ-酮酸等
	取代羧酸的命名	系统命名法
	酮体	β-丁酮酸、β-羟基丁酸和丙酮

（廖　萍）

思考与练习

一、填空题

1. 从结构上看，羧酸是_____与_____直接相连的有机化合物。决定羧酸化学性质的是_____，被称为羧酸的官能团。

2. 甲酸分子中既有羧基又有_____，所以甲酸既有羧酸的性质，又具有_____，可以使 $KMnO_4$ 溶液褪色。

3. _____、_____、_____三者在医学上合称为酮体。

二、简答题

1. 用系统命名法命名下列化合物或写出结构简式

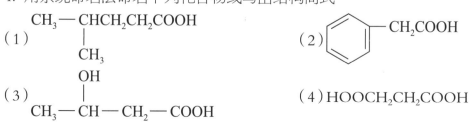

（5）
$$CH_3-\overset{\overset{\displaystyle O}{\|}}{C}-CH_2COOH$$
（6）CH_3CH_2COOH

（7）蚁酸

（8）醋酸

（9）安息香酸

（10）丙酮酸

2. 比较下列有机化合物酸性的大小

（1）乙酸、苯酚和乙醇

（2）甲酸和乙酸

（3）乙酸、碳酸、甲酸、乙二酸

3. 用化学方法鉴别下列各组化合物

（1）甲醇、甲醛和甲酸

（2）丙醛、丙酮和丙酸

第六章 | 对映异构

06章 数字资源

 导入案例

　　1953 年，外国一家制药公司在研发抗菌药物时合成了一种化合物——沙利度胺，因其没有强大的抗菌活性而被放弃。但另一家制药公司继续研发，发现它对中枢神经系统有抑制作用，可作为镇静药治疗妊娠初期妇女的恶心、呕吐、失眠等反应，故被称为"反应停"，很快便风靡全球。但不久后，成千上万的畸胎出现了，这些胎儿四肢特别短小，被称为"海豹儿"。通过科学家长时间的流行病学调查，证明"海豹儿"的产生与母亲在妊娠期间服用沙利度胺密切相关。1979 年，经科学家调查研究发现，药物沙利度胺有两种主要成分，一种具有镇静和安眠作用，而另一种则有致畸作用。

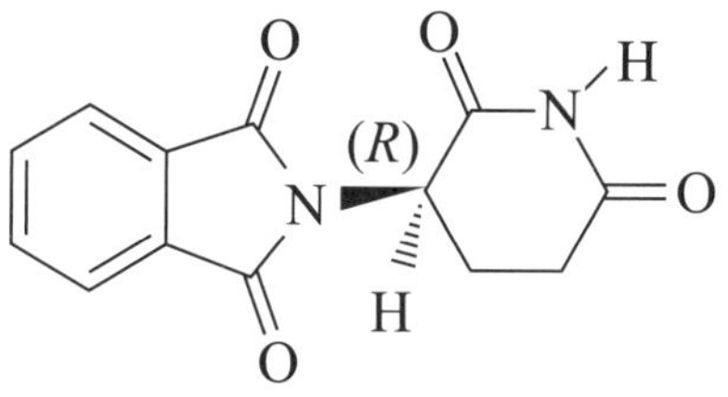

有镇静和安眠作用 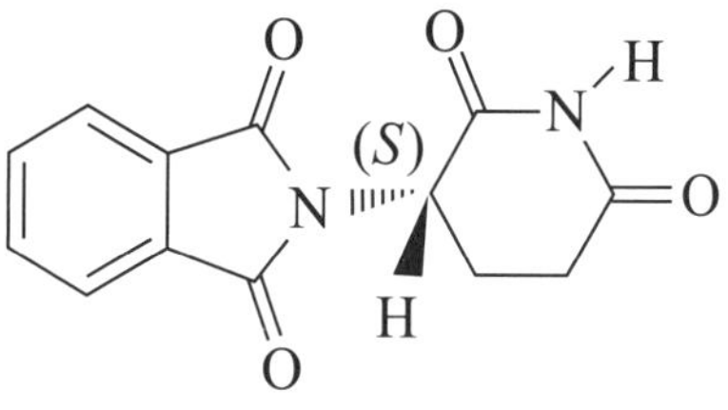　　　　　　　　　　有致畸作用

请思考：
沙利度胺的两种主要成分是什么关系？

对映异构又称为旋光异构或光学异构，是一种与光学性质有关的异构现象，自然界中许多物质都存在对映异构现象。

第一节　偏振光和旋光性

一、偏振光和物质的旋光性

（一）偏振光

光是一种电磁波，其振动方向与传播方向垂直。普通光是由各种波长的光线组成的，其光波在垂直于前进方向的平面内各个方向振动，见图6-1。

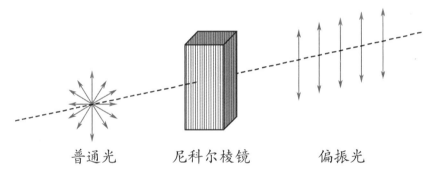

普通光　　　　尼科尔棱镜　　　　偏振光

图 6-1　偏振光的形成

当一束普通光通过尼科耳棱镜时，只有振动方向与棱镜晶轴方向平行的光才能通过。因此，透过棱镜的光只在1个平面上振动，而在其他平面上振动的光则被尼科耳棱镜阻挡住。这种**只在1个平面上振动的光称为平面偏振光**，简称为**偏振光**。

（二）旋光性

将两块尼科耳棱镜平行放置，普通光通过棱镜1变成偏振光，偏振光也会通过棱镜2。若在2个棱镜之间放置1个盛有溶液的玻璃管，在棱镜2后面观察时，如果管内盛有乙醇、丙酮等溶液，仍能看到偏振光通过棱镜2。如果玻璃管内盛有乳酸、葡萄糖溶液等，则观察不到有光通过。只有将棱镜2旋转一定角度后，偏振光才能完全通过。即乳酸、葡萄糖等溶液**将偏振光的振动平面旋转了一定的角度，这种现象称为旋光现象，物质的这种性质称为旋光性或光学活性**，见图6-2。

由此可见，我们可以把化合物分成两类：一类是**不能使偏振光的振动平面旋转的物质，无旋光性，称为非旋光性物质**，如乙醇、甘油、丙酮等；另一类是**能使偏振光的振动平面旋转一定角度的物质，具有旋光性，称为旋光性物质**，如乳酸、葡萄糖等。**能使偏振光的振动平面按顺时针方向旋转的旋光性物质称为右旋体**，用"+"或"*d*"表示；同理，**能使**

偏振光的振动平面按逆时针方向旋转的旋光性物质称为左旋体,用"–"或"*l*"表示。

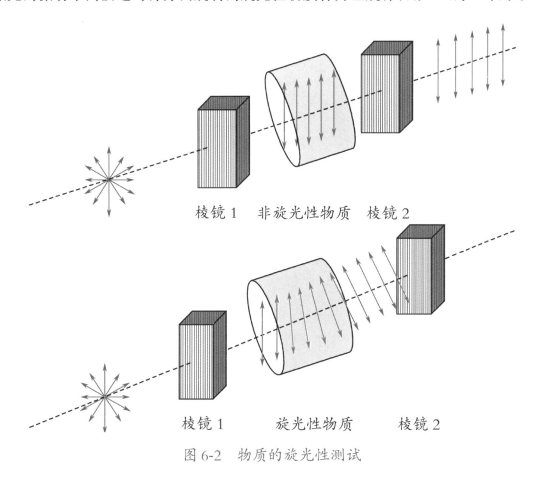

棱镜 1　非旋光性物质　棱镜 2

棱镜 1　　旋光性物质　　棱镜 2

图 6-2　物质的旋光性测试

二、旋光度、比旋光度

　　偏振光经过旋光性物质后其振动平面旋转的角度称为旋光度,用符号"α"表示。测定物质旋光度的仪器称为**旋光仪**。其工作原理见图 6-3。旋光仪主要由 1 个单色光源、2 个尼科耳棱镜、1 个盛液管和 1 个能旋转的刻度盘组成。其中棱镜 1 是固定的,称为起偏镜,棱镜 2 可以旋转,称为检偏镜。若被测物质无旋光性,则偏振光通过盛液管后振动平面不旋转,通过检偏镜,偏振光强度不变;若被测物质有旋光性,则偏振光通过盛液管后振动平面旋转一定角度(即图 6-3 所示的 α 角),不能直接通过检偏镜观察到偏振光,只有将检偏镜旋转相同角度,才能观察到偏振光通过。

　　对于同一物质而言,用旋光仪所测得的旋光度并不是固定不变的。物质的旋光度除与物质本身的分子结构有关外,还与测定时试样溶液的浓度、盛液管的长度、测试温度、光的波长及溶剂等因素有关,所以旋光度不是物质固有的物理常数。因此,为了能比较物质的旋光性能的大小,消除这些不可比因素的影响,通常采用比旋光度来描述物质的旋光性。**比旋光度指在一定温度下,光的波长一定时,盛液管长度为 1dm,待测溶液质量浓度为 1g/ml 的条件下所测得的旋光度,用 $[\alpha]_D^t$ 表示**。旋光度与比旋光度的关系如下:

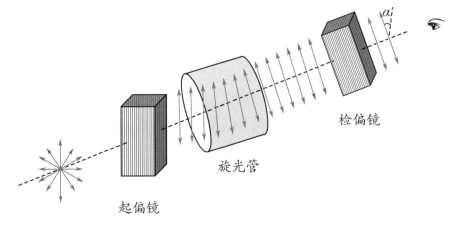

图 6-3　旋光仪工作原理

$$[\alpha]_D^t = \frac{\alpha}{l \times \rho_B}$$

式中，t 为测定时温度（℃），一般为室温；D 为光源波长，常用钠光（D），波长为 589nm；α 为实验测定的旋光度（°）；l 为盛液管长度；ρ_B 为待测溶液质量浓度（g/ml），纯液体可用密度。

比旋光度和物质的熔点、密度等一样，是重要的物理常数，有关数据可在手册或文献中查到。通过旋光度的测定，可以计算出物质的比旋光度，从而鉴定未知的旋光性物质；对于已知的旋光性物质，根据比旋光度，也可计算被测溶液的浓度或纯度。

第二节　对映异构现象

一、分子的结构与旋光性的关系

（一）手性分子和手性碳原子

日常生活中，经常见到一些有趣的现象。如人的左手和右手，看着非常相似，但是左手的手套不能戴到右手上，故它们的关系类似于实物和镜像关系，相似但不能重合。我们将这种**实物和镜像不能重合的特征称为物质的手性**。

1. 手性分子　自然界中有一些有机化合物的分子存在着实物和镜像不能重合的手性特征，我们把这些分子称为**手性分子**，没有手性特征的分子称为**非手性分子**。如乳酸、苹果酸分子就是手性分子，而乙醇、丙酸分子等是非手性分子。乳酸分子有两种构型（图 6-4），如同实物和镜像，相似但不重合。

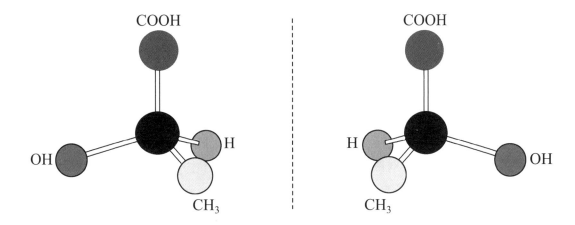

图 6-4　乳酸分子的球棍模型

 学与练

利用橡皮泥和火柴棍,自己组装两种乳酸分子的立体模型。

自然界中有些化合物具有旋光性,而大部分化合物则不具有旋光性。研究结果表明,物质是否具有旋光性与物质的分子结构有关,具有旋光性的物质分子都是手性分子。手性分子是产生对映异构体的必要条件,有手性的分子一定有对映体存在。

2. 手性碳原子　在绝大多数手性分子中至少含有这样 1 个碳原子,它同时连接 4 个不同的原子或基团。我们把这种**连接 4 个不同的原子或基团的碳原子称为手性碳原子**,用 C* 表示。如乳酸、丙氨酸和甘油醛等分子中都含有手性碳原子。

$$
CH_3 - \overset{\overset{\displaystyle H}{|}}{\underset{\underset{\displaystyle OH}{|}}{\overset{*}{C}}} - COOH \qquad CH_3 - \overset{\overset{\displaystyle H}{|}}{\underset{\underset{\displaystyle NH_2}{|}}{\overset{*}{C}}} - COOH \qquad H - \overset{\overset{\displaystyle CHO}{|}}{\underset{\underset{\displaystyle CH_2OH}{|}}{\overset{*}{C}}} - OH
$$

乳酸　　　　　　　　丙氨酸　　　　　　　甘油醛

 学与练

下列化合物是否有手性碳原子? 若有,请用 * 号标出。

(1)　$CH_3 - \overset{\overset{\displaystyle }{|}}{\underset{\underset{\displaystyle NH_2}{|}}{CH}} - COOH$

(2)　$CH_3 - \overset{}{\underset{\underset{\displaystyle OH}{|}}{CH}} - CH_3$

（二）对映异构体

在乳酸的分子结构中，α-碳原子分别与氢原子、甲基、羧基和羟基 4 个不同的原子或基团相连，通过球棍模型或楔线透视式可以看出（图 6-4 和图 6-5），与手性碳原子相连的 4 个原子或基团，有两种不同的空间排列方式，即有两种不同的构型。它们正如人的左右手关系一样，互为实物和镜像，相似但又不能重合。我们将这种**具有相同的构造式，但构成分子的原子或基团在空间的排列互为实物和镜像的关系称为对映异构现象。两个互为对映异构关系的异构体称为对映异构体，简称为对映体**。由于每个对映异构体都有旋光性，又称为**旋光异构体或光学异构体**。一对对映体，其中一种为右旋体，即（+）-乳酸；另一种为左旋体，即（-）-乳酸。

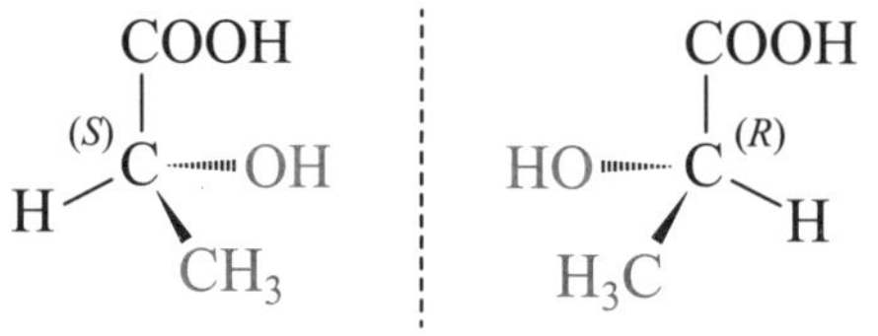

图 6-5 乳酸分子的楔线透视式

（三）外消旋体

人们认识的第一种旋光性物质是乳酸。研究发现，乳酸的来源不同其旋光度也不同。如来源于人体肌肉因剧烈运动之后而产生的乳酸，能使偏振光向右旋转，称为右旋乳酸；来源于葡萄糖的发酵而产生的乳酸，能使偏振光向左旋转，称为左旋乳酸。而从酸奶中分离出的乳酸，不具有旋光性，比旋光度为零。

究其原因，这是因为从酸奶中分离出的乳酸是右旋乳酸和左旋乳酸的等量混合物，它们的旋光度大小相等、方向相反，相互抵消，使旋光性消失，比旋光度为零。**将一对对映异构体等量混合，得到的没有旋光性的混合物称为外消旋体**，用"±"或"dl"表示。如外消旋乳酸，可表示为（±）-乳酸或 dl-乳酸。

二、对映异构体构型的标记法

（一）对映异构体构型的表示方法

对映异构体在结构上的区别，仅在于原子或基团的空间排布方式的不同，用平面结构式无法表示。为了更直观、更简便地表示分子的立体空间结构，1891 年德国化学家费歇尔提出了**将球棍模型按一定方式放置，然后将其投影到平面上，即得到 1 个平面的式子，这种式子称为费歇尔投影式**。投影方法：①将立体模型所代表的主链竖起来，编号最小的碳原子在上端。②投影时，假定手性碳原子在纸平面上，用十字交叉的点来表示，指向平面前方的 2 个原子或基团投影到横线上，指向平面后方的 2 个原子或基团投影到竖线上。乳酸的费歇尔投影式见图 6-6。

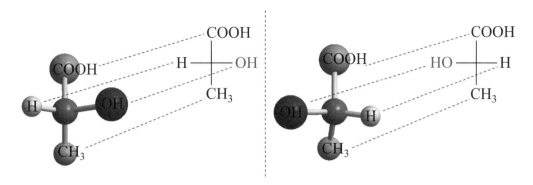

图 6-6　乳酸对映异构体的模型及投影方式

知识链接

费歇尔投影式的转换规则

1. 投影式不离开纸平面旋转 180°，所得构型与原化合物构型相同。

$$H \underset{CH_3}{\overset{COOH}{|}} OH \xrightarrow{\text{旋转}180°} HO \underset{COOH}{\overset{CH_3}{|}} H \quad （构型不变）$$

2. 在纸面上旋转 90° 或 270°，所得构型为原化合物的对映异构体。

$$H \underset{CH_3}{\overset{COOH}{|}} OH \xrightarrow{\text{旋转}90°} CH_3 \underset{OH}{\overset{H}{|}} COOH \quad （构型改变）$$

3. 投影式中任意 2 个基团通过调换偶数次，构型不变；调换奇数次，构型改变。

$$H \underset{CH_3}{\overset{COOH}{|}} OH \xrightarrow{\text{调换一次}} H \underset{CH_3}{\overset{OH}{|}} COOH \xrightarrow{\text{再调换一次}} CH_3 \underset{H}{\overset{OH}{|}} COOH$$

（构型改变）　　　　　　　　　　　（构型不变）

4. 投影式中 1 个基团保持不动，另外 3 个基团按顺时针或逆时针方向旋转，构型不变。

$$H \underset{CH_3}{\overset{COOH}{|}} OH \xrightarrow{\text{顺时针旋转}} H \underset{OH}{\overset{CH_3}{|}} COOH \xrightarrow{\text{逆时针旋转}} CH_3 \underset{H}{\overset{OH}{|}} COOH$$

（构型不变）　　　　　　　　　　　（构型不变）

（二）对映异构体构型的命名方法

1. D/L 构型命名法　在研究对映异构现象的早期，人们只知道一对对映异构体具有两种不同的构型，但还无法确定哪种构型是左旋体，哪种构型是右旋体。于是，德国化学家费歇尔以甘油醛的构型为标准，人为规定在费歇尔投影式中，C_2 上的羟基在右侧的为 D- 构型，羟基在左侧的为 L- 构型。因此，甘油醛的一对对映异构体构型命名如下：

$$
\begin{array}{cc}
\text{CHO} & \text{CHO} \\
\text{H} \!-\!\!\!|\!\!\!- \text{OH} & \text{HO} \!-\!\!\!|\!\!\!- \text{H} \\
\text{CH}_2\text{OH} & \text{CH}_2\text{OH}
\end{array}
$$

D- (+)-甘油醛　　　　　L- (−)-甘油醛

需要注意的是，D- 和 L- 表示构型，而（＋）和（−）则表示旋光方向。旋光性物质的构型与旋光方向是不同概念，二者之间没有必然联系和对应关系。故不能根据旋光方向判断构型，反之亦然。

其他物质的构型以甘油醛为比较标准进行确定。如将 D- (＋)- 甘油醛的醛基氧化成羧基，再将羟甲基还原为甲基就得到了 D- (−)- 乳酸。在此氧化及还原过程中，与手性碳原子相连的任何一根化学键都没有断裂，故反应中间物和产物都与 D- (＋)- 甘油醛具有相同的构型。例如：

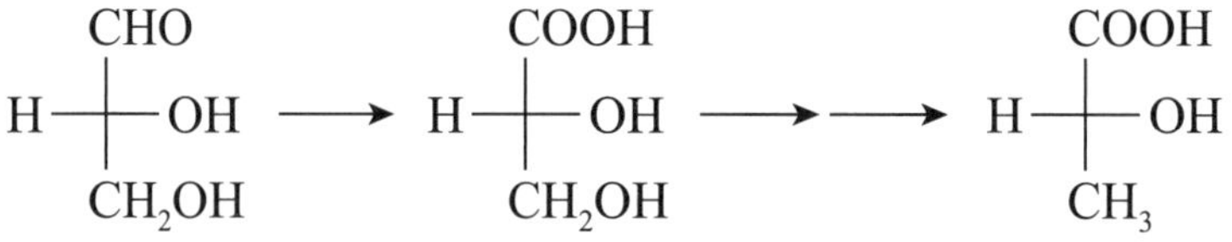

$$
\begin{array}{ccc}
\text{CHO} & \text{COOH} & \text{COOH} \\
\text{H} \!-\!\!\!|\!\!\!- \text{OH} \longrightarrow & \text{H} \!-\!\!\!|\!\!\!- \text{OH} \longrightarrow & \text{H} \!-\!\!\!|\!\!\!- \text{OH} \\
\text{CH}_2\text{OH} & \text{CH}_2\text{OH} & \text{CH}_3
\end{array}
$$

D- (+)-甘油醛　　　D-(−)-甘油酸　　　D-(−)-乳酸

由于这种构型的命名方法是人为规定的，并不是实际测定的，故称为相对构型。虽然后来经 X 射线衍射法进一步确定了右旋甘油醛的真实构型（绝对构型）确实是 D 构型（相对构型），但 D/L 构型命名法的使用有一定的局限性，只适用于甘油醛结构类似的化合物。所以，目前除了糖类、氨基酸等构型的命名仍然沿用 D/L 构型命名法，其他物质多采用国际纯粹与应用化学联合会（IUPAC）推荐的 R/S 构型命名法。

2. R/S 构型命名法　R/S 构型命名法是基于手性碳原子的实际构型进行命名的方法，因此，R/S 构型命名法表示的是物质的绝对构型。确定和命名规则如下：

（1）排优先次序：将手性碳原子上的 4 个原子或基团按次序规则由大到小排序：a＞b＞c＞d。将次序最小的原子或基团 d 置于离观察者最远处，其他 3 个原子或基团朝向观察者。

（2）定轮转方向：观察 a → b → c 的排列顺序，如果为顺时针，则该化合物的构型为 R 型；如果为逆时针，则该化合物的构型为 S 型，见图 6-7 所示。

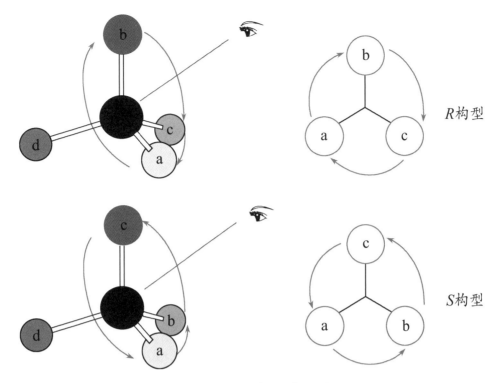

图 6-7 *R/S* 构型命名法

由此可见，要判断分子的构型，首先要确定与手性碳原子相连的 4 个原子或基团的大小顺序。确定次序的规则如下：

（1）按手性碳原子所连第 1 个原子的原子序数排序，原子序数大的原子排在前面。例如：

$$I>Br>Cl>S>P>O>N>C>H$$

（2）若与手性碳原子相连的第 1 个原子的原子序数相同，则比较次优先原子的原子序数，以此类推，直到比较出基团优先次序。例如：

$$—C(CH_3)_3 > —CH(CH_3)_2 > —CH_2CH_3 > —CH_3 > —H$$

（3）对于含有双键或三键的基团，把双键或三键看成连有 2 个或 3 个相同的原子，再进行比较。例如：

$$C=O$$ 相当于 $$C(OO)$$　　　　$$—C≡N$$ 相当于 $$C(NNN)$$

$$—C≡CH$$ 相当于 $$C(CCC)$$　　　　〈苯环〉—相当于 $$C(CCC)$$

根据以上规则，如 D-（+）-甘油醛和 L-（−）-甘油醛分别为 *R* 构型和 *S* 构型（图 6-8）。

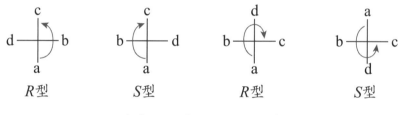

图 6-8　甘油醛的 R/S 构型

知识链接

费歇尔投影式的 R/S 构型命名法

对费歇尔投影式可直接确定其 R/S 构型。确定规则：①当最小基团 d 处于横键的左、右端时，依次沿着另外 3 个基团在平面上由大到小的顺序轮转，如 a→b→c 顺时针方向排列的为 S 型，逆时针方向排列的为 R 型。②当最小基团 d 处于竖键的上、下端时，a→b→c 顺时针方向排列的为 R 型，逆时针方向排列的为 S 型，见图 6-9。

图 6-9　费歇尔投影式 R/S 构型命名

如乳酸分子中有 1 个手性碳原子，所连的 4 个原子或基团排序为—OH＞—COOH＞—CH₃＞—H。其对映异构体为：

D/L 构型和 R/S 构型是两种不同的构型命名法，它们之间没有必然的联系。如 D-甘油醛是 R 构型，而 D-2-溴甘油醛却是 S 构型。同样，化合物的构型和旋光方向之间也没有固定的对应关系。如 D-葡萄糖的旋光方向是右旋的，而 D-果糖的旋光方向是左旋的。

利用 R/S 构型命名法判断下列分子的构型，并指出它们哪些是对映体。

$$
（1）H—\overset{\text{CHO}}{\underset{\text{CH}_2\text{CH}_3}{|}}—CH_3 \qquad （2）H—\overset{\text{CH}_3}{\underset{\text{CH}_2\text{CH}_3}{|}}—CHO \qquad （3）CH_3CH_2—\overset{\text{CH}_3}{\underset{\text{H}}{|}}—CHO
$$

三、对映异构体的性质

在通常情况下，对映异构体之间的化学性质几乎没有差异，其不同点主要表现在物理性质及生物活性等方面。一对对映异构体之间的物理性质如熔点、沸点、溶解度及旋光度都相同，只是旋光方向相反。外消旋体与相应的左旋体或右旋体的物理性质有一些差异，不但旋光性能不同，而且熔点、溶解度等一般也不相同，但化学性质基本相同。而且外消旋体虽是混合物，但它有固定的熔点。各种乳酸的一些物理常数见表 6-1。

表 6-1　不同旋光性乳酸的一些物理常数

名称	来源	熔点 /℃	$[\alpha]t_D$	pK$_a$	水中溶解度 /(g·ml⁻¹)
（+）- 乳酸	肌肉	26	+3.8°	3.76	∞
（−）- 乳酸	糖发酵	26	−3.8°	3.76	∞
（±）- 乳酸	酸奶	18	0°	3.76	∞

对映异构体之间极为重要的区别在于它们对生物体的活性与作用不同，在生物体中起活性作用的分子往往是对映体中的一种。如药物多巴分子中有 1 个手性碳原子，存在一对对映异构体（左旋多巴和右旋多巴），其中左旋多巴被广泛用于治疗中枢神经系统变性疾病帕金森病，而右旋多巴却无此疗效。

右旋多巴
（无疗效）　　　　　　　　　　左旋多巴
（治疗帕金森病）

项目	内容
偏振光与旋光性	①偏振光:只在1个平面方向上振动的光;②旋光性:凡能使偏振光的振动平面旋转的性质;③旋光度:偏振光旋转的角度,用"α"表示。用旋光仪测定;④比旋光度:$[\alpha]_D^t = \dfrac{\alpha}{l \times \rho_B}$
对映异构现象	具有相同的构造式,但构成分子的原子或基团在空间的排列互为实物和镜像的关系称为对映异构现象。两个互为对映异构关系的异构体称为对映异构体。①手性和手性分子:实物和镜像不能重合的特征称为物质的手性。具有旋光性的物质其分子是手性分子;②手性碳原子:连接4个不同的原子或基团的碳原子称为手性碳原子,用 C^* 表示;③外消旋体:将一对对映异构体等量混合,得到的没有旋光性的混合物称为外消旋体,用"±"或"dl"表示
对映异构体的结构	①表示方法:球棍模型、楔线透视式、费歇尔投影式;②命名方法:D/L构型命名法、R/S构型命名法
对映异构体的性质	①对映异构体之间的化学性质几乎没有差异,物理性质如熔点、沸点、溶解度及旋光度都相同,只是旋光方向相反;②对映异构体之间极为重要的区别在于它们对生物体的活性与作用不同

（李　晖）

 **思考与练习**

一、填空题

1. 具有使偏振光的振动平面旋转的性质称为_____,具有这种性质的物质称为_____。能使偏振光振动平面向顺时针方向旋转的物质称为_____;用_____表示。

2. 将一对对映异构体等量混合,得到没旋光性的混合物称为_____,用_____表示。

3. 物质的旋光性除与物质本身的特性有关外,还与旋光性物质溶液的_____、盛液管的_____、测试_____、光源的_____及所用溶剂等因素有关。

4. 对映异构是由于分子中原子或基团在_____不同而引起的异构现象。

5. 分子中凡与 4 个不同原子或基团相连接的碳原子称为 _____。

二、简答题

1. 判断下列化合物是否含有手性碳原子？若有请用 * 标出，并用费歇尔投影式写出该物质的一对对映异构体。

（1）2-甲基丙酸　　　　　　　（2）2-甲基丁酸

（3）2-氯丁烷　　　　　　　　（4）2-溴-1-丁醇

2. 拓展提高　具有旋光性的化合物 A 的分子式为 C_6H_{10}，能与 $[Ag(NH_3)_2]^+$ 溶液作用生成白色沉淀 B。将 A 催化加氢，生成分子式为 C_6H_{14} 的化合物 C，C 没有旋光性。请写出化合物 A 的费歇尔投影式，以及 B 和 C 的结构简式。

第七章 | 酯 和 脂 类

07章
07章 数字资源

学习目标

1. 具有理论联系实际的工作作风、严谨的科学态度。
2. 掌握酯的结构与命名；油脂的组成与结构。
3. 熟悉酯的性质。
4. 了解磷脂和固醇的结构，以及常见的磷脂和固醇。
5. 学会运用酯和脂类化学知识去认识生活和医学领域的问题。

 导入案例

小明家的食用油在阳台上存放很长时间了，小明发现食用油没有原来那么香了，还能闻到"哈喇味"，食用油做出来的菜口感也不好。通过与老师交流，小明了解到，原来家里的食用油酸败变质了。

请思考：

1. 食用油酸败，你认为这个过程是发生了物理变化还是化学变化？
2. 你认为哪些因素会加速食用油变质？
3. 食用油适宜的储存条件有哪些？

第一节 酯

一、酯的结构

酯是一种重要的**羧酸衍生物**，酸与醇反应生成酯。无机酸与醇生成无机酸酯，羧酸与醇作用生成羧酸酯(有机酸酯)。没有特别说明情况下，一般所说的酯是羧酸酯。

酯可以看作是**羧酸分子中羧基上的羟基被烃氧基取代生成的化合物**。从结构上来看，酯是由**酰基**(
$$\overset{O}{\underset{R-C-}{\|}}$$
)和**烃氧基**(—O—R')连接而成的化合物，其中 R 和 R' 可以相同，也可以不同。酯的官能团是**酯键**，结构为
$$\overset{O}{\underset{-C-O-}{\|}}$$
，可简写为—COO—，其结构通式为
$$\overset{O}{\underset{R-C-O-R'}{\|}}$$
（其中 R 为烃基或氢原子；R' 为烃基，不能是氢原子）。如乙酸乙酯的结构模型见图7-1。

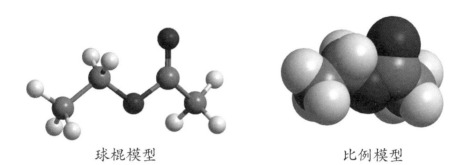

球棍模型　　　　　　比例模型

图 7-1　乙酸乙酯的结构模型

二、酯 的 命 名

酯一般按照生成它的羧酸和醇的名称来命名，酸的名称在前，醇的名称在后，且把"醇"字改为"酯"字，命名为"某酸某酯"。例如：

$$CH_3-\overset{O}{\overset{\|}{C}}-O-CH_3$$
乙酸甲酯

$$CH_3-\overset{O}{\overset{\|}{C}}-O-CH_2CH_3$$
乙酸乙酯

乙酸苯酯

苯甲酸甲酯

 学与练

用系统命名法命名下列化合物或写出物质的结构简式。

（1）
$$\underset{\text{H}-\text{C}-\text{O}-\text{CH}_2\text{CH}_3}{\overset{\overset{\displaystyle\text{O}}{\|}}{}}$$

（2）
$$\underset{\underset{\text{CH}_3}{|}}{\text{CH}_3-\overset{\overset{\displaystyle\text{O}}{\|}}{\text{C}}-\text{O}-\text{CH}-\text{CH}_3}$$

（3）
$$\underset{\text{H}-\text{C}-\text{O}-\text{CH}_2}{\overset{\overset{\displaystyle\text{O}}{\|}}{}}\text{—}\bigcirc$$

（4）
$$\bigcirc\text{—}\overset{\overset{\displaystyle\text{O}}{\|}}{\text{C}}-\text{O}-\bigcirc$$

（5）乙酸苯酯

（6）苯乙酸乙酯

三、酯 的 性 质

（一）物理性质

酯一般比水轻，难溶于水，易溶于乙醇、乙醚等有机溶剂。低级酯是无色易挥发的液体，具有芳香气味，多存在于水果和花草中。如乙酸乙酯具有苹果香味，乙酸异戊酯有香蕉味，苯甲酸甲酯有茉莉花香味。低级酯能溶解很多有机化合物，又容易挥发，是良好的有机溶剂。高级酯为蜡状固体。

由于酯分子间不能形成氢键，因此其沸点比相应的醇和羧酸都要低。

 知识链接

香水中的酯类化合物

香水是将天然或合成香料溶于乙醇而配制的芳香性化妆品。香水中添加了香料，分为醛类、酮类和酯类。酯类化合物大多能散发香味。香水从原料来源可分为人工合成香水和天然香水两种。人工合成香料多为石油化工产品；天然香料是从植物的花蕾、叶、茎中萃取出来的，也有从动物身上提炼的，如麝香、龙涎香等。

人与自然是生命共同体。人类如果过度使用天然香料，会破坏生物多样性。保护环境、爱护大自然、保护野生动物的多样性是我们每个人应尽的责任。我们应改进酯类等香料的合成工艺，加强质量监测等，为生态文明的发展做出积极贡献。

（二）化学性质

酯与其他羧酸衍生物相似，也能发生水解、醇解、氨解反应。

1. 水解反应　酯为中性化合物，其重要化学性质是水解反应。酯的水解反应是酯与水作用，生成相应的羧酸和醇。

$$R-\overset{\displaystyle O}{\overset{\|}{C}}\underset{\text{酯}}{\underline{\;+\;OR'\;}}\;+\;\underset{\text{水}}{H-OH}\;\underset{\text{酯化}}{\overset{\text{水解}}{\rightleftharpoons}}\;R-\overset{\displaystyle O}{\overset{\|}{C}}-\underset{\text{羧酸}}{OH}\;+\;\underset{\text{醇}}{R'-OH}$$

一般情况下,酯的水解速度很慢,但当少量无机酸或碱作催化剂时,水解反应可加速进行。酯在酸的作用下水解,是酯化反应的逆反应,但水解不完全;当强碱(NaOH或KOH)作催化剂时,生成的羧酸能被强碱全部中和生成羧酸盐,因此,在足量碱的作用下,酯的水解反应可以趋于完全。

$$CH_3-\overset{\displaystyle O}{\overset{\|}{C}}\underline{\;+\;OCH_2CH_3\;}\;+\;H-OH\;\underset{\triangle}{\overset{H^+}{\rightleftharpoons}}\;CH_3-\overset{\displaystyle O}{\overset{\|}{C}}-OH\;+\;CH_3CH_2-OH$$

$$\underset{\text{乙酸乙酯}}{}\qquad\qquad\qquad\qquad\qquad\underset{\text{乙酸}}{}\qquad\underset{\text{乙醇}}{}$$

$$CH_3-\overset{\displaystyle O}{\overset{\|}{C}}-O-CH_2CH_3\;+\;NaOH\;\overset{\triangle}{\longrightarrow}\;CH_3-\overset{\displaystyle O}{\overset{\|}{C}}-ONa\;+\;CH_3CH_2-OH$$

2. 醇解反应　酯的醇解与水解反应相似,由酯中的酰基与醇中的烃氧基结合生成新的酯。

$$R-\overset{\displaystyle O}{\overset{\|}{C}}\underline{\;+\;OR'\;}\;+\;H-OR''\;\overset{\triangle}{\rightleftharpoons}\;R-\overset{\displaystyle O}{\overset{\|}{C}}-O-R''\;+\;R'-OH$$

$$\underset{\text{酯}}{}\qquad\qquad\underset{\text{醇}}{}\qquad\qquad\underset{\text{新的酯}}{}\qquad\qquad\underset{\text{新的醇}}{}$$

以乙酸乙酯与甲醇反应为例:

$$CH_3-\overset{\displaystyle O}{\overset{\|}{C}}\underline{\;+\;OCH_2CH_3\;+\;H\;}-OCH_3\;\overset{\triangle}{\rightleftharpoons}\;CH_3-\overset{\displaystyle O}{\overset{\|}{C}}-O-CH_3\;+\;CH_3CH_2-OH$$

$$\underset{\text{乙酸乙酯}}{}\qquad\qquad\underset{\text{甲醇}}{}\qquad\qquad\underset{\text{乙酸甲酯}}{}\qquad\underset{\text{乙醇}}{}$$

3. 氨解反应　酯与氨作用生成酰胺和醇的反应,称为酯的氨解反应。

$$R-\overset{\displaystyle O}{\overset{\|}{C}}\underline{\;+\;OR'\;+\;H\;}-NH_2\;\longrightarrow\;R-\overset{\displaystyle O}{\overset{\|}{C}}-NH_2\;+\;R'-OH$$

$$\underset{\text{酯}}{}\qquad\qquad\underset{\text{氨}}{}\qquad\qquad\underset{\text{酰胺}}{}\qquad\underset{\text{醇}}{}$$

以乙酸乙酯与氨反应为例:

$$\underset{\text{乙酸乙酯}}{CH_3-\overset{\overset{\displaystyle O}{\|}}{C}\!-\!\boxed{OCH_2CH_3\ +\ H}\!-\!NH_2} \longrightarrow \underset{\text{乙酰胺}}{CH_3-\overset{\overset{\displaystyle O}{\|}}{C}\!-\!NH_2}\ +\ CH_3CH_2-OH$$

 知识链接

青蒿素的鉴别

酯能与羟氨（NH_2—OH）发生氨解反应生成异羟肟酸,异羟肟酸再与 $FeCl_3$ 反应生成异羟肟酸铁,显红色或紫红色。

$$\underset{\text{酯}}{R-\overset{\overset{\displaystyle O}{\|}}{C}-O-R'}\ +\ \underset{\text{羟胺}}{NH_2OH} \longrightarrow \underset{\text{异羟肟酸}}{R-\overset{\overset{\displaystyle O}{\|}}{C}-NHOH}\ +\ \underset{\text{醇}}{R'-OH}$$

$$3R-\overset{\overset{\displaystyle O}{\|}}{C}-NHOH\ +\ FeCl_3 \longrightarrow (R-\overset{\overset{\displaystyle O}{\|}}{C}-NHO)_3Fe\ +\ 3HCl$$
$$\text{异羟肟酸铁（红色或紫红色）}$$

抗疟药青蒿素因具有内酯结构,常用的一种鉴别方法就是利用此性质,加盐酸羟胺试液与 NaOH 溶液,置水浴中微沸,放冷后,加盐酸和 $FeCl_3$ 试液,立即显深紫红色。

第二节 油 脂

油脂是油和脂肪的总称,属于具有特殊结构的酯类化合物,油脂广泛存在于动植物体中,是人类的主要营养物质之一,是生命重要的物质基础。人们通常把来源于植物体中,在常温下呈液态的油脂称为油,如花生油、芝麻油、蓖麻油、棉籽油、豆油等。把来源于动物体内,在常温下呈固态或半固态的油脂称为脂肪,如猪脂、牛脂、羊脂(习惯也称为猪油、牛油、羊油)。

一、油脂的组成和结构

油脂是由甘油和高级脂肪酸生成的甘油酯。1 分子甘油可以和 3 分子高级脂肪酸脱水生成**甘油三酯**,也称为**三酰甘油**。其结构通式和结构示意式如下:

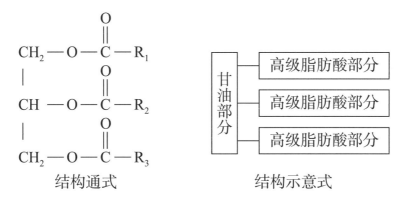

结构通式　　　　　　　　　结构示意式

式中 R_1、R_2、R_3 分别代表不同脂肪酸的烃基。在脂肪酸甘油酯的分子中，3 个脂肪酸的烃基可以是相同的，也可以是不相同的。如果烃基相同，这种甘油酯属于单甘油酯；烃基不同，这种甘油酯属于混甘油酯。天然油脂多为混甘油酯的混合物。

组成油脂的脂肪酸种类较多，大多数是含有偶数碳原子的直链高级脂肪酸，其中含 16 和 18 碳原子的高级脂肪酸最为常见，有饱和的高级脂肪酸和不饱和的高级脂肪酸两类。油脂中常见的高级脂肪酸见表 7-1。

表 7-1　油脂中常见的高级脂肪酸

名称		结构简式
软脂酸	十六碳酸	$CH_3(CH_2)_{14}COOH$
硬脂酸	十八碳酸	$CH_3(CH_2)_{16}COOH$
油酸	9-十八碳烯酸	$CH_3(CH_2)_7CH{=}CH(CH_2)_7COOH$
亚油酸	9,12-十八碳二烯酸	$CH_3(CH_2)_4CH{=}CHCH_2CH{=}CH(CH_2)_7COOH$
亚麻酸	9,12,15-十八碳三烯酸	$CH_3(CH_2CH{=}CH)_3(CH_2)_7COOH$
花生四烯酸	5,8,11,14-二十碳四烯酸	$CH_3(CH_2)_3(CH_2CH{=}CH)_4(CH_2)_3COOH$

油脂成分中高级脂肪酸的饱和程度，对油脂的熔点影响很大。一般来讲，油中含有高级不饱和脂肪酸较多，脂肪中含有高级饱和脂肪酸较多。因此，含有较多不饱和脂肪酸成分的油脂熔点低，常温下呈液态；含有较多饱和脂肪酸成分的油脂熔点高，常温下呈固态。

人体能合成多种脂肪酸，但少数不饱和脂肪酸，如亚油酸和亚麻酸不能在人体内合成；花生四烯酸虽能在体内合成，但数量不能完全满足生命活动的需求。像这些**人体不可缺少而自身又不能合成或体内合成远不能满足需要，必须通过食物供给的脂肪酸称为人体必需脂肪酸**。

EPA 和 DHA

EPA 和 DHA 均是人体所必需多不饱和脂肪酸。EPA 的化学名称为 5,8,11,14,17-二十碳五烯酸,是鱼油的主要成分,是一种对抗高脂蛋白血症的多烯脂酸制剂。DHA 的化学名称为 4,7,10,13,16,19-二十二碳六烯酸,存在于鱼油中,有增强大脑功能作用。需注意 EPA、DHA 的补充品一定要在临床专业人员的指导下服用,尤需谨慎。

学与练

1. 必需脂肪酸是饱和脂肪酸还是不饱和脂肪酸?
2. 举例说明生活中哪类食用油含必需脂肪酸较多?

二、油脂的性质

（一）物理性质

纯净的油脂无色、无臭、无味,天然油脂中往往溶有维生素和色素等物质,常有颜色和气味。油脂比水轻,密度均小于 $1g/cm^3$。黏度比较大,触摸时有明显的油腻感,由于天然油脂是混合物,所以没有固定的熔点和沸点。油脂一般难溶于水,微溶于低级醇,易溶于乙醚、氯仿、苯和石油醚等有机溶剂中。

（二）化学性质

从结构上来看,油脂是脂肪酸的甘油酯,因此具有酯的典型反应,如发生水解反应等。此外,含有碳碳双键的油脂,还可以发生加成反应、氧化反应等。

1. 水解反应　油脂在酸、碱或酶等催化剂的作用下,可以发生水解反应。1分子油脂完全水解后可生成1分子甘油和3分子高级脂肪酸。反应式如下:

$$
\begin{array}{c}
\underset{\text{油脂（三酰甘油）}}{
\begin{array}{l}
CH_2\!-\!O\!-\!\overset{\displaystyle O}{\overset{\|}{C}}\!-\!R_1 \\
CH\ \,-\!O\!-\!\overset{\displaystyle O}{\overset{\|}{C}}\!-\!R_2 \\
CH_2\!-\!O\!-\!\overset{\displaystyle O}{\overset{\|}{C}}\!-\!R_3
\end{array}}
\ +\ 3H_2O\ \xrightarrow{\text{酸或酶}}\
\underset{\text{甘油}}{
\begin{array}{l}
CH_2\!-\!OH \\
CH\ \,-\!OH \\
CH_2\!-\!OH
\end{array}}
\ +\
\underset{\text{高级脂肪酸}}{
\begin{array}{l}
R_1COOH \\
R_2COOH \\
R_3COOH
\end{array}}
\end{array}
$$

油脂在不完全水解时，可生成脂肪酸、甘油二酯或甘油一酯。油脂水解生成的甘油、脂肪酸、甘油二酯或甘油一酯在体内均可被吸收并代谢。

油脂在碱性（NaOH 或 KOH）溶液中水解时，生成甘油和高级脂肪酸盐。肥皂的主要成分是高级脂肪酸盐，所以油脂在碱性溶液中的水解反应又称为**皂化反应**。

$$
\begin{array}{l}
CH_2-O-\overset{\displaystyle O}{\overset{\|}{C}}-C_{17}H_{35}\\[2pt]
| \\[2pt]
CH-O-\overset{\displaystyle O}{\overset{\|}{C}}-C_{17}H_{35} \quad + \quad 3NaOH \xrightarrow{\ \triangle\ }
\begin{array}{l}
CH_2-OH\\
|\\
CH-OH\\
|\\
CH_2-OH
\end{array}
\quad + \quad 3C_{17}H_{35}COONa\\[2pt]
| \\[2pt]
CH_2-O-\overset{\displaystyle O}{\overset{\|}{C}}-C_{17}H_{35}
\end{array}
$$

　　三硬脂酸甘油酯　　　　　　　　　　　　　　　　　　　　硬脂酸钠（肥皂）

把 1g 油脂完全皂化所需要的氢氧化钾的毫克数称为皂化值。皂化值的大小反映油脂的平均相对分子质量，皂化值越大，油脂的平均相对分子质量越小；皂化值越小，油脂的平均相对分子质量越大。

知识链接

硬肥皂与软肥皂

油脂和 NaOH 或 KOH 加热水解可生成甘油和高级脂肪酸的钠盐或钾盐。高级脂肪酸钠盐称为钠肥皂，又称为硬肥皂，这是常用的普通肥皂，如洗衣皂、药皂。高级脂肪酸钾盐称为软肥皂，由于软肥皂对人体皮肤、角膜刺激性小，医药上常用作灌肠剂或乳化剂。钾肥皂具有比钠肥皂更强的润湿、渗透、分散和去污的能力。

2. 加成反应　在含不饱和脂肪酸的油脂中，因含有碳碳双键，所以在一定条件下能发生加成反应。

（1）加氢：油酸甘油酯在一定条件下催化加氢生成硬脂酸甘油酯，液态油可以变成固态脂肪。因此，**把含不饱和脂肪酸多的油脂通过完全或部分加氢变成饱和或比较饱和的油脂的过程，称为油脂的氢化或油脂的硬化**。

通过油脂的氢化制得的油脂称为人造脂肪，通常又称为氢化油或硬化油。硬化油性质稳定，不易变质，便于储存和运输，可用于制造肥皂、脂肪酸、甘油、人造奶油等。

（2）加碘：利用油脂与碘的加成，可判断油脂的不饱和程度。**把 100g 油脂所能吸收的碘的克数称为碘值**。碘值越大，表示油脂的不饱和程度越大；碘值越小，表示油脂的不饱和程度越小。

医学研究证实，长期食用低碘值的油脂，易引起动脉血管硬化。因此老年人应多食用碘值较高的植物油，如豆油、橄榄油等。

3. 酸败　油脂在空气中长期储存，逐渐发生变质，会产生难闻的气味，这种现象称为油脂的酸败。

酸败是复杂的化学变化过程，其实质是油脂受光、热、水、空气中的氧和微生物（酶）的作用。一方面油脂中不饱和脂肪酸的双键被氧化，生成过氧化物，这些过氧化物再经分解作用生成有臭味的低级醛、酮和羧酸等化合物；另一方面油脂被水解成甘油和游离的高级脂肪酸，后者在微生物的作用下可进一步发生氧化、分解等反应，生成小分子化合物。

油脂酸败后有游离脂肪酸产生，**中和 1g 油脂中的游离脂肪酸所需氢氧化钾的毫克数称为酸值**。酸值越大，说明油脂中游离脂肪酸的含量越高，即酸败程度越严重。酸败的油脂有毒性和刺激性，一般情况下酸值大于 6mg 的油脂不宜食用。为防止油脂的酸败，油脂应贮存于密闭的容器中，放置在阴凉处，也可添加少量适当的抗氧化剂。

 学与练

1. 用什么化学方法可以把油变为脂肪？
2. 生活中要想油脂保存时间更长，需要哪些条件？

 知识链接

油脂的乳化

油脂与水混合振荡后，油脂在水中能分散成小油滴，形成一种不稳定的乳浊液，放置一段时间，小油滴经过互相碰撞聚集，很快分为油层和水层。要得到比较稳定的乳浊液，必须加入适量的乳化剂，如肥皂、洗洁精等。这种利用乳化剂使油脂形成比较稳定的乳浊液的过程，称为油脂的乳化。

乳化剂的结构通常由两部分组成，一部分称为亲油基，另一部分称为亲水基。如钠肥皂（$C_{17}H_{35}COONa$）分子中，烃基部分（—$C_{17}H_{35}$）为亲油基。另一部分（—$COONa$）为亲水基。乳化剂能使油滴的表面形成一层乳化剂分子的保护膜，从而形成比较稳定的乳浊液。油脂乳化的示意图见图 7-2。

医学上油脂的乳化具有重要的生理意义，人体内胆汁酸盐是一种乳化剂，可以促进脂类和脂溶性维生素的消化吸收。

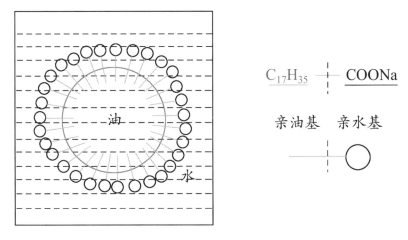

图 7-2 油脂乳化的示意图

第三节 类 脂

在生物体的组织中,除油脂外,还含有许多性质类似于油脂的化合物,这些化合物通常称为类脂。重要的类脂有磷脂和固醇。

一、磷 脂

磷脂是一类含磷的类脂化合物,广泛存在于动物的肝、脑、脊髓、神经组织和植物的种子中,具有重要的生理功能。磷脂有多种,其中由甘油构成的磷脂称为甘油磷脂。其结构通式及结构示意式为:

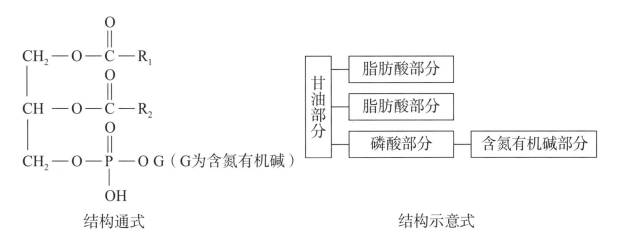

结构通式　　　　　　　　　　　　　结构示意式

甘油磷脂完全水解可以得到甘油、脂肪酸、磷酸和含氮有机碱。根据含氮有机碱不同,常见的甘油磷脂有卵磷脂和脑磷脂。

(一)卵磷脂

卵磷脂又称为磷脂酰胆碱,主要存在于脑组织、大豆、蛋黄中,其中以蛋黄中含量最为丰富。其结构式为:

$$
\begin{array}{c}
\quad\quad\quad\quad\quad\overset{O}{\underset{\|}{}} \\
CH_2-O-C-R_1 \\
| \quad\quad\quad\overset{O}{\underset{\|}{}} \\
CH \ -O-C-R_2 \\
| \quad\quad\quad\overset{O}{\underset{\|}{}} \\
CH_2-O-\underset{|}{P}-OCH_2CH_2N^+(CH_3)_3OH^- \\
\quad\quad\quad OH \quad\quad \underbrace{\qquad\qquad\qquad}_{\text{胆碱部分}}
\end{array}
$$

1分子卵磷脂完全水解，可生成1分子甘油、2分子脂肪酸、1分子磷酸和1分子胆碱。

纯卵磷脂是吸水性很强的白色蜡状固体，在水中呈胶状液，不溶于水，易溶于乙醇、乙醚及氯仿中。卵磷脂不稳定，在空气中易被氧化而变成黄色或棕色。卵磷脂能促进肝中脂肪代谢的作用，防止脂肪在肝中大量堆积。

（二）脑磷脂

脑磷脂又称为磷脂酰胆胺，通常与卵磷脂共存于脑、神经组织和许多组织器官中，在蛋黄和大豆中含量也较丰富。其结构示意式为：

$$
\begin{array}{c}
\quad\quad\quad\quad\quad\overset{O}{\underset{\|}{}} \\
CH_2-O-C-R_1 \\
| \quad\quad\quad\overset{O}{\underset{\|}{}} \\
CH \ -O-C-R_2 \\
| \quad\quad\quad\overset{O}{\underset{\|}{}} \\
CH_2-O-\underset{|}{P}-OCH_2CH_2NH_2 \\
\quad\quad\quad OH \quad\quad \underbrace{\qquad\qquad}_{\text{胆胺部分}}
\end{array}
$$

1分子脑磷脂完全水解，可生成1分子甘油、2分子脂肪酸、1分子磷酸和1分子胆胺。

脑磷脂难溶于水和丙酮，微溶于乙醇，易溶于乙醚。脑磷脂很不稳定，在空气中放置易被氧化成棕黄色物质。脑磷脂不仅是组成各种组织器官的重要成分，而且与血液的凝固有关，血小板内能促进血液凝固的凝血激酶就是由脑磷脂和蛋白质组成的。

 知识链接

磷脂与脂肪肝

肝是合成和利用甘油三酯的主要器官，但不是储存脂肪的场所。正常人的肝只含有少量的脂肪。肝将合成的甘油三酯与磷脂、胆固醇和载脂蛋白共同形成极低密度脂蛋白，由肝细胞分泌入血，经血液循环向肝外组织输出。当胆碱供给或合成不足时，使肝中磷脂合成减少，导致极低密度脂蛋白生成障碍，这样肝内甘油三酯不能正常运出，造成脂肪在肝中堆积，而导致脂肪肝，影响肝的正常功能。临床上常用磷脂及其合成原料来防治脂肪肝。

二、固　　醇

固醇又称为甾醇，广泛存在于动植物体的组织中，并在生命活动中起着非常重要的作用。其结构上都含有 1 个环戊烷多氢菲的骨架，在 C_{10} 和 C_{13} 上各连有 1 个甲基，C_{17} 上连有 1 个含不同长度的碳链或含氧取代基。甾醇其碳架含有 4 个稠合环和 3 个取代基，故以"甾"字表示这类化合物的特征。通常把具有这种结构的化合物称为"甾族化合物"，这个骨架称为"甾核"，其结构和环上的编号为：

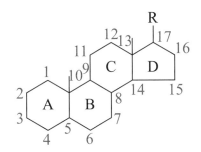

甾核结构及环上碳原子的编号

（一）胆固醇

胆固醇是一种动物固醇，广泛存在于动物及人体的组织细胞中，在脑及神经组织中含量较多。胆固醇在体内常与脂肪酸结合成胆固醇酯，所以在血液中既有胆固醇，又有胆固醇酯。

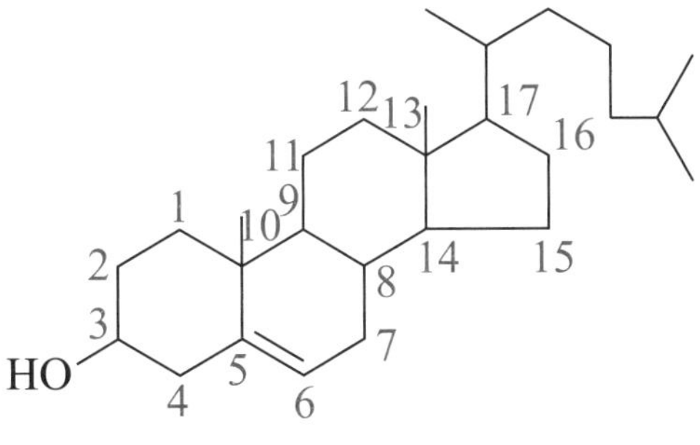

胆固醇

胆固醇是无色蜡状固体，不溶于水，易溶于有机溶剂。将胆固醇的氯仿溶液与乙酐和浓硫酸作用，即呈现红色→紫色→褐色→绿色的系列颜色变化，此反应是化学鉴别固醇化合物的一种方法。胆固醇常与油脂共存，它不能皂化。在人体中，胆固醇摄取过多或代谢发生障碍时，胆固醇及其酯会从血清中沉积于动脉血管壁上，久之会导致动脉粥样硬化和冠心病。胆汁中胆固醇的沉积会形成胆结石。不过长期胆固醇偏低也可能诱发病症，故要给机体提供适量的胆固醇，以维持机体正常的生理功能。

胆固醇在体内还可以转变成具有重要生理功能的物质，如胆汁酸盐、肾上腺皮质激素、性激素等。

血脂与人体健康

血脂是血浆中脂类的总称,包括甘油三酯、磷脂、胆固醇、胆固醇酯和游离脂肪酸等。血脂水平是健康评估、疾病诊断的重要生化指标。高脂血症的诱发与人们生活因素密切相关,如高脂肪和高胆固醇饮食、肥胖、年龄增长、糖皮质激素类药物刺激或长期的不良生活习惯等。

当血脂异常增高时,会引起一系列疾病,如脂肪肝、动脉粥样硬化、冠心病、脑卒中等。血脂的来源一部分是由肝、小肠黏膜组织合成的,另一部分从食物中摄取的。要降低血脂,应改善肝的代谢功能、合理饮食,同时加强运动锻炼、规律作息,维护正常的生理节律,以提高身体的各项代谢功能。

(二)谷固醇

谷固醇是一种植物固醇,在人体肠道中不被吸收,在饭前服用可抑制肠道黏膜对胆固醇的吸收,从而降低血中胆固醇含量,因此可作为治疗高胆固醇血症和预防动脉粥样硬化的药物。

(三)7-脱氢胆固醇和麦角固醇

1. 7-脱氢胆固醇　胆固醇是一种动物固醇,在酶催化下可脱氢生成7-脱氢胆固醇,储存于皮下,经日光中紫外线照射,发生反应转变成维生素 D_3。因此,通过日光浴是获得维生素 D_3 的一种方法。

2. 麦角固醇　麦角固醇是一种植物固醇,存在于麦角、酵母和一些植物中,经紫外线照射,发生反应转变成维生素 D_2。

维生素 D_2、维生素 D_3,均为 D 族维生素,属于脂溶性维生素,具有促进机体对钙和磷吸收的作用,可以预防、治疗佝偻病和骨软化症。

章末小结

种类	项目	内容
酯	结构	酯是由羧酸与醇直接反应生成,通式为 $$R-\overset{\overset{\displaystyle O}{\|\|}}{C}-O-R'$$
	命名	按照生成它的羧酸和醇的名称命名为"某酸某酯"
	性质	①水解反应;②醇解反应;③氨解反应
油脂	结构	油脂是由甘油和高级脂肪酸生成的甘油酯
	性质	①水解反应;②加成反应;③酸败
类脂	磷脂	磷脂是一类含磷的类脂化合物,常见的甘油磷脂有卵磷脂和脑磷脂
	固醇	固醇又称为甾醇,常见的固醇有胆固醇、谷固醇、7-脱氢胆固醇和麦角固醇

(顾　伟)

思考与练习

一、填空题

1. 酯的官能团名称是_____，结构简式为_____，酯的通式为_____。

2. 油脂从成分上看，是由 1 分子_____和 3 分子_____脱水生成的酯，其结构通式为_____。

3. 常温下，液态的油脂称为_____，其结构中含有较多_____高级脂肪酸，固态的油脂称为_____，其分子中含有较多的_____高级脂肪酸。

4. 加热油脂和 NaOH 的混合溶液，可生成_____和_____，该反应称为_____。

5. 油脂长期储存，发生_____、分解等反应，逐渐变质产生异味，这一过程称为油脂的_____。

6. 酸败的油脂有毒性和刺激性，一般情况下酸值大于____mg 时油脂不宜食用。

7. 生活中，使用肥皂能去油渍的原理是_____。

二、简答题

1. 用系统命名法命名下列化合物

(1)
$$H-\overset{\overset{\text{O}}{\|}}{C}-O-CH_3$$

(2)
$$CH_3-\overset{\overset{\text{O}}{\|}}{C}-O-CH_2CH_2CH_3$$

(3)
$$H-\overset{\overset{\text{O}}{\|}}{C}-O-\text{（苯环）}$$

(4)
$$\text{（苯环）}-\overset{\overset{\text{O}}{\|}}{C}-O-CH_2CH_3$$

2. 写出下列化合物的结构简式

（1）丙酸甲酯　　　　　　　　　　（2）乙酸乙酯

（3）软脂酸（十六碳酸）　　　　　　（4）油酸（9-十八碳烯酸）

第八章 | 含氮有机化合物

08章 数字资源

导入案例

天气酷热的夏天,某化工厂的一名工人正在搬运桶装苯胺,发现桶有破损,有苯胺流出。在情急之下,工人立即就用随身携带的胶布去粘贴,但是堵漏效果不理想,就把桶翻过来,让破损处朝上,但苯胺溅到这名工人的皮肤表面。很快,工人感到不适,皮肤呈现青紫色,浑身无力,经过到医院救治才脱离危险。

请思考:

1. 苯胺的化学结构是什么?属于烃的哪类衍生物?
2. 苯胺通过哪些途径可以使人体中毒?

分子中含有氮元素的有机化合物称为含氮有机化合物,简称含氮有机物。含氮有机化合物可以看成是烃分子中的氢原子被含氮基团取代的化合物,主要包括硝基化合物、胺、酰胺、重氮化合物、偶氮化合物等。含氮有机化合物在有机化合物中占有非常重要的地位,许多含氮有机化合物具有重要的生理活性,与生命活动现象密切相关,如生物体的基本组成物质蛋白质和核酸;有的含氮有机化合物具有抗菌等药理作用。含氮有机化合物种类较多,本章主要讨论胺、酰胺、重氮化合物和偶氮化合物。

第一节 胺

一、胺的结构和分类

（一）胺的结构

胺在结构上可以看作氨的烃基衍生物，即氨分子中的氢原子被烃基取代后的化合物，氨分子中的 1 个、2 个或 3 个氢原子被甲基取代分别形成甲胺、二甲胺、三甲胺（图8-1）。

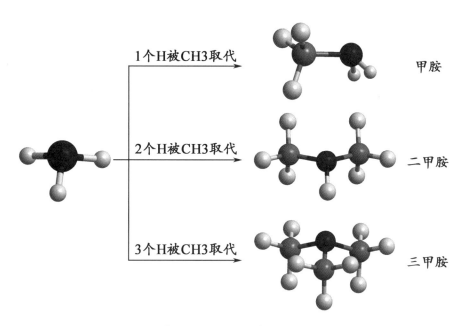

图 8-1　氨分子中氢原子被甲基逐一取代的球棍模型

其结构简式分别为：

$$CH_3$$
$$|$$
$$NH_3 \quad\quad CH_3{-}NH_2 \quad\quad CH_3{-}NH{-}CH_3 \quad\quad CH_3{-}N{-}CH_3$$

氨分子　　　甲胺　　　　　二甲胺　　　　　　三甲胺

因此胺的结构通式为：

$$R''(Ar'')$$
$$|$$
$$(Ar)R{-}NH_2 \quad\quad (Ar)R{-}NH{-}R'(Ar') \quad\quad (Ar)R{-}N{-}R'(Ar')$$

胺的官能团为：

$$|$$
$${-}NH_2 \quad\quad\quad {-}NH{-} \quad\quad\quad {-}N{-}$$

氨基　　　　　　　亚氨基　　　　　　　次氨基

（二）胺的分类

1. 根据胺分子中氮原子所连烃基种类不同，胺可分为脂肪胺和芳香胺。氮原子与脂肪烃基相连的称为脂肪胺，氮原子与芳香环直接相连的称为芳香胺。例如：

$$R-NH_2 \qquad CH_3-NH_2 \qquad Ar-NH_2$$

脂肪胺　　　　　甲胺　　　　　芳香胺　　　　　苯胺

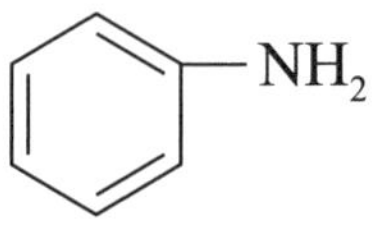

2. 根据胺分子中氮原子连接烃基的数目不同，分为伯胺（氮原子连接 1 个烃基）、仲胺（氮原子连接 2 个烃基）和叔胺（氮原子连接 3 个烃基）。例如：

$$CH_3CH_2-NH_2$$

乙胺（伯胺）　　　　　 N-甲基苯胺（仲胺） 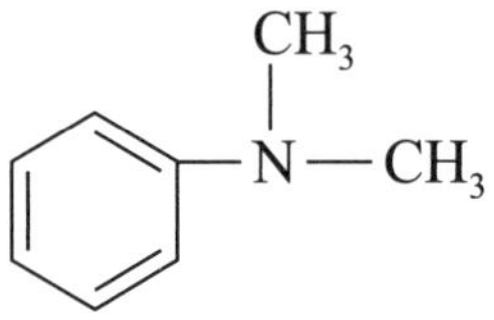　　　　　 N, N-二甲基苯胺（叔胺）

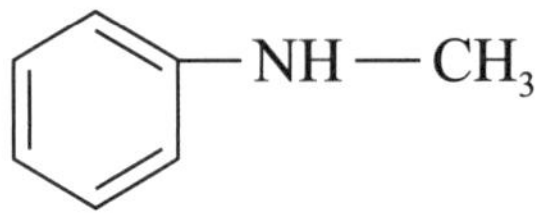

学与练

请同学们比较一下，胺可以分为伯胺、仲胺、叔胺，与醇可以分为伯醇、仲醇、叔醇的分类方法是否相同？有何差异？

3. 根据胺分子中氨基的数目不同，胺可分为一元胺、二元胺和多元胺。例如：

$$CH_3CH_2-NH_2 \qquad H_2N-CH_2CH_2-NH_2 \qquad H_2N-CH_2CHCH_2-NH_2$$

乙胺（一元胺）　　　　　乙二胺（二元胺）　　　　　丙三胺（多元胺）

二、胺的命名

（一）简单胺的命名

1. 伯胺　以胺为母体，烃基作为取代基命名为"某胺"。例如：

$$CH_3CH_2-NH_2$$

乙胺　　　　　　　苯胺

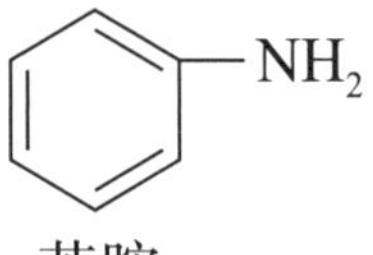

2. 仲胺或叔胺　氮原子上连有 2 个或 3 个相同烃基的胺，在"胺"字前加上烃基名称

和数目；如果所连烃基不同，则按次序规则，依次写出烃基的名称。例如：

CH₃—NH—CH₃ 　　　CH₃—N—CH₂CH₃（上方CH₃） 　　　（二苯胺结构）

二甲胺　　　　　　　　二甲乙胺　　　　　　　　二苯胺

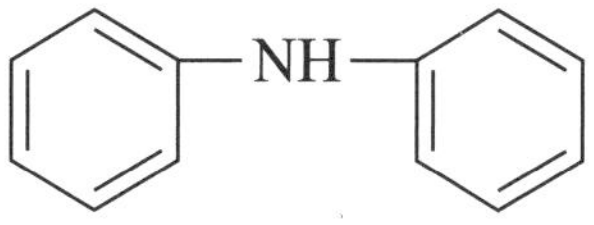

当氮原子同时连有脂肪烃基和芳环时，以芳香胺为母体，在脂肪烃基前面冠以"N"，以表示该脂肪烃基直接和氮原子相连。例如：

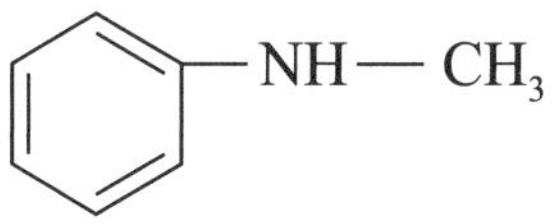

（苯环）—NH—CH₃　　　（苯环）—N—CH₃（上方CH₃）　　　（苯环）—N—CH₂CH₃（上方CH₃）

N-甲基苯胺 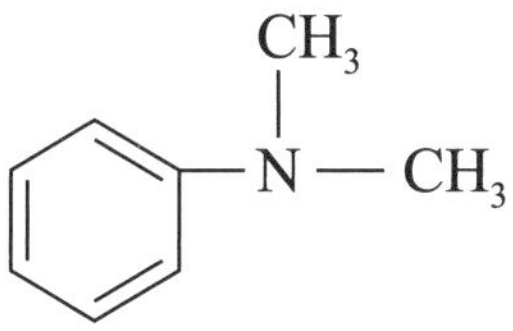　　　　　N,N-二甲基苯胺 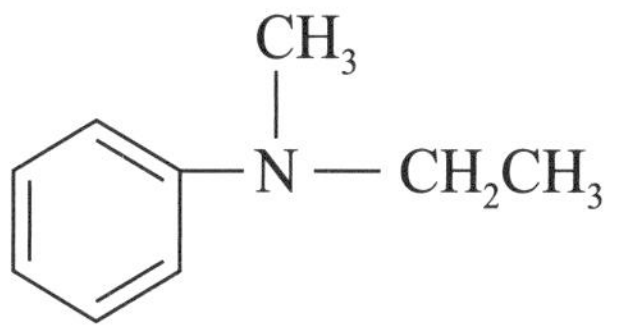　　　　　N-甲基-N-乙基苯胺

（二）复杂胺的命名

将氨基作为取代基，烃或其余结构部分为母体来命名。例如：

CH₃—CH—CH₂—CH₃（下方NH₂）　　　HOOC—（苯环）—NH₂

2-氨基丁烷　　　　　　　　　　　对氨基苯甲酸

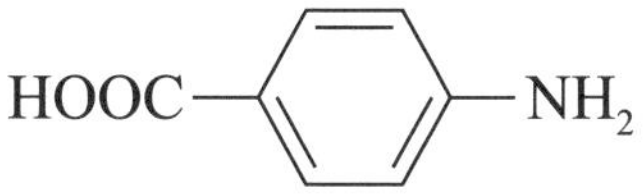

（三）多元胺的命名

在烃基名称之后，"胺"字之前加上二、三等数目来命名。例如：

H₂N—CH₂CH₂—NH₂　　　　　H₂N—（苯环）—NH₂

乙二胺　　　　　　　　　　　对苯二胺

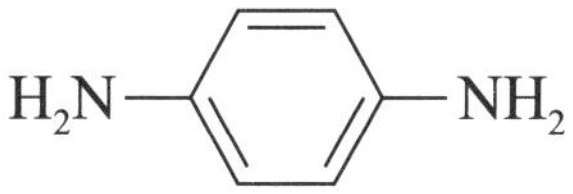

学与练

请用系统命名法给下列胺命名。

（1）CH₃—NH₂

（2）CH₃—NH—CH₂CH₃

（3）CH₃—CH—CH₃（下方NH₂）

（4）（苯环）—NH—CH₂CH₃

（5）（苯环）—NH₂

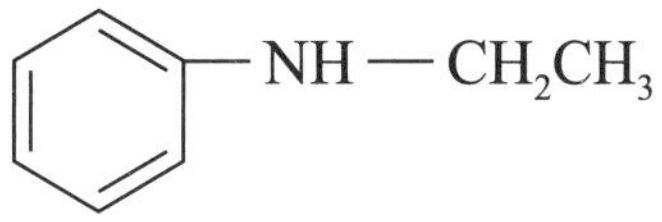

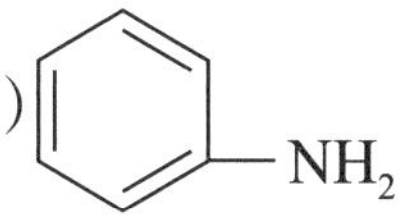

（6）H₂N—CH₂CH₂CH₂—NH₂

三、胺 的 性 质

（一）胺的物理性质

低级脂肪胺如甲胺、二甲胺、三甲胺和乙胺在常温下是气体，丙胺至十一胺是液体，十一胺以上为固体。低级胺有氨味，易溶于水，随着相对分子质量的增加，溶解度降低。

芳香胺是无色液体或固体，有特殊臭味，有毒，与皮肤接触或吸入都能引起严重中毒，使用时应予注意。

 知识链接

胺的气味和毒性

多数胺有不愉快或很难闻的特殊臭味，特别是低级脂肪胺，气味与氨相似。三甲胺有鱼腥味，蛋白质腐败发臭就是因为常有甲胺生成，肉糜烂时能产生极臭而且剧毒的丁二胺（又称为腐胺）和戊二胺（又称为尸胺）。

芳香胺具有特殊气味且毒性极大，容易渗入皮肤，使用时应特别注意安全。当苯胺在空气中的浓度达到百万分之一时，会使人在几个小时后出现中毒症状，头晕、皮肤苍白和四肢无力，这是血红蛋白被氧化为高铁血红蛋白而使中枢神经受抑制所致。

某些芳香胺及其衍生物还具有强烈的致癌作用，如联苯胺、β-萘胺。

H_2N—〔苯环〕—NH—〔苯环〕—NH_2

联苯胺 β-萘胺

（二）胺的化学性质

1. 碱性　胺和氨相似，能接受水中的氢离子，水溶液呈碱性。

$$R-NH_2 + H_2O \rightleftharpoons R-NH_3^+ + OH^-$$

不同胺的碱性强弱顺序：**脂肪胺 > 氨 > 芳香胺**。

胺是弱碱，与强酸形成稳定的铵盐而溶于水。铵盐遇强碱，胺又重新游离出来，可利用这一性质鉴别、分离和提纯胺。

$$CH_3-NH_2 + HCl \longrightarrow CH_3-NH_3^+Cl^-$$

甲胺   氯化甲胺

$$CH_3-NH_3^+Cl^- + NaOH \longrightarrow CH_3-NH_2 + NaCl + H_2O$$

氯化甲胺   甲胺

医药上,利用此性质,人们常将含有氨基、亚氨基等难溶于水的药物与酸反应生成易溶于水的盐,以增加其水溶性。如局部麻醉药普鲁卡因的药用形式为盐酸普鲁卡因。

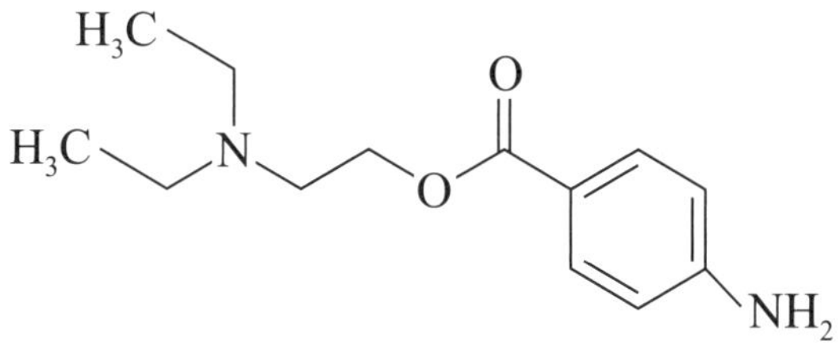

普鲁卡因

2. 酰化反应　**胺分子中氮上的氢原子被酰基(** $\overset{\displaystyle O}{\underset{\displaystyle R-C-}{\parallel}}$ **)取代生成酰胺的反应称为酰化反应**。伯胺和仲胺可以与酰化剂(如酰氯或酸酐等)反应,而叔胺因氮上无氢原子,不能发生反应。例如:

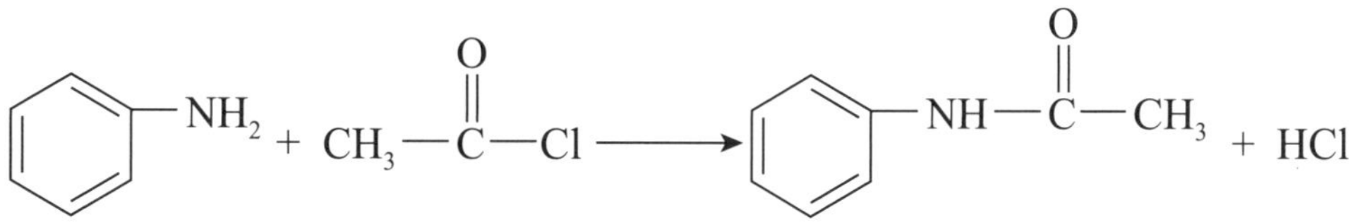

乙酰氯　　　　　　　　　　乙酰苯胺

3. 兴斯堡反应　**伯胺、仲胺分子中氮原子上的氢原子被苯磺酰基(** $\langle\bigcirc\rangle$—SO$_2$— **)取代,生成苯磺酰胺的反应,称为兴斯堡反应**。例如:

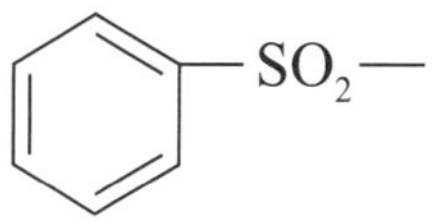

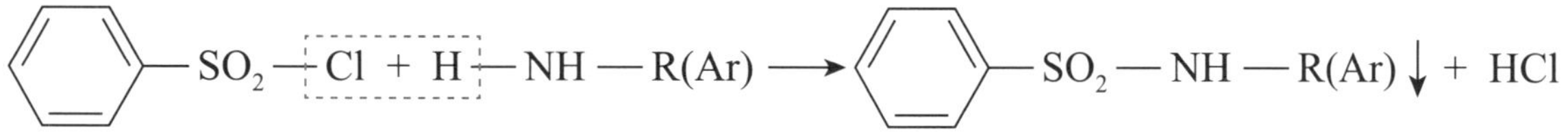

苯磺酰氯　　　　　　　伯胺　　　　　　　　苯磺酰伯胺

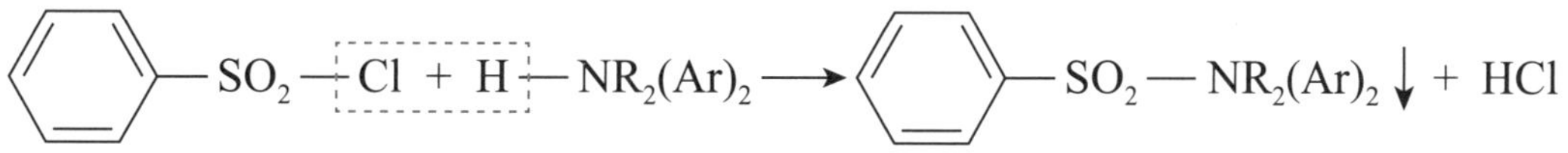

苯磺酰氯　　　　　　　仲胺　　　　　　　　苯磺酰仲胺

伯胺、仲胺氮原子上连有氢原子,能发生此反应,生成苯磺酰伯胺和苯磺酰仲胺的沉淀,而叔胺氮原子上没有氢原子,因而无此反应。

此反应需在 NaOH 或 KOH 溶液中进行,由于生成的苯磺酰伯胺氮原子上还有 1 个氢原子,具有酸性,可以溶于碱性溶液中。

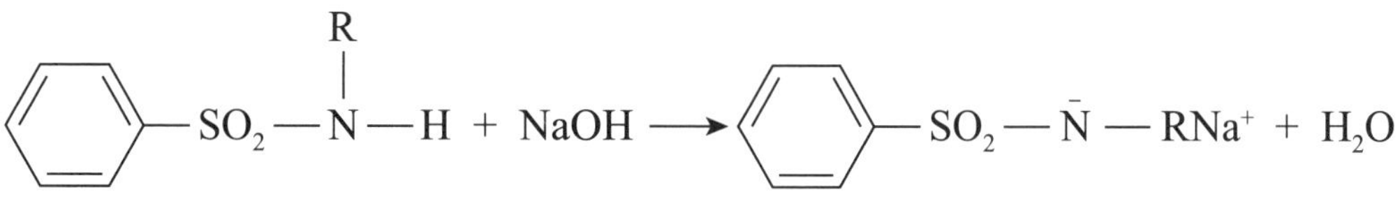

苯磺酰伯胺　　　　　　　苯磺酰伯胺钠盐(溶于水)

利用此性质可以鉴别伯胺、仲胺和叔胺。

4. 与亚硝酸反应　胺可与亚硝酸反应，不同的胺反应产物和现象不同，这里只讨论伯胺和仲胺与亚硝酸的反应。亚硝酸不稳定，在反应中实际使用的是亚硝酸钠与盐酸或硫酸的混合物。

（1）伯胺与亚硝酸反应：脂肪伯胺在强酸存在下与亚硝酸反应，能定量地放出氮气，通常根据生成氮气的量测定伯胺的含量。

$$R-NH_2 + HNO_2 \xrightarrow{HCl} R-OH + N_2\uparrow + H_2O$$

芳香伯胺与亚硝酸在低温及强酸性溶液中反应生成芳香重氮盐，此反应为重氮化反应。重氮盐一般不稳定，受热或受压容易发生爆炸。故重氮盐的制备和使用都要在温度较低的酸性介质中进行。温度升高，重氮盐会逐渐分解，放出氮气。

$$\text{C}_6\text{H}_5-NH_2 + NaNO_2 + 2HCl \xrightarrow{0\sim5℃} \text{C}_6\text{H}_5-\overset{+}{N}\equiv NCl^- + NaCl + 2H_2O$$

氯化重氮苯

（2）仲胺与亚硝酸反应：脂肪仲胺或芳香仲胺与亚硝酸作用都生成黄色油状物或固体的 N-亚硝基胺。一系列科学实验已证实亚硝胺化合物有强烈的致癌作用，可引起器官和组织的肿瘤。

$$CH_3-NH-CH_3 + HNO_2 \xrightarrow{HCl} CH_3-\overset{NO}{\underset{}{N}}-CH_3 + H_2O$$

二甲胺　　　　　　　　　　　　　N-亚硝基二甲胺

5. 芳环上的取代反应　苯胺分子中的邻、对位很容易发生取代反应，如与溴水反应，生成 2,4,6-三溴苯胺白色沉淀，此反应很灵敏，反应现象明显，可用于苯胺鉴别和定量分析。

$$\text{苯胺} + 3\,Br_2 \xrightarrow{\text{（水溶液）}} \text{2,4,6-三溴苯胺}\downarrow + 3\,HBr$$

2,4,6-三溴苯胺

知识链接

一般血液学检验的抗凝剂

体检时抽血使用的真空采血管有多同颜色的头盖。血液离体后，如果不给予特殊处理，很快就会凝固，因此有些真空采血管内含添加剂。添加剂种类不同，试验用途也不同，其中紫色头盖采血管称为 EDTA 抗凝管，可以防止血液标本凝固，适用于一般血液学检验。

EDTA 为乙二胺的衍生物，称为乙二胺四乙酸，是常用的羧氨配位剂，为白色粉末状结晶，微溶于水，难溶于有机溶剂，其结构式为：

$$\begin{array}{c} HOOC-CH_2 \\ HOOC-CH_2 \end{array} N-CH_2-CH_2-N \begin{array}{c} CH_2-COOH \\ CH_2-COOH \end{array}$$

四、季铵化合物

1. 季铵离子的结构　铵离子（NH_4^+）中氮原子上的 4 个氢原子被 4 个烃基取代而生成的离子为季铵离子，结构通式为：

$$R-\overset{\overset{\displaystyle R'}{|}}{\underset{\underset{\displaystyle R'''}{|}}{N^+}}-R''$$

季铵离子

2. 季铵化合物的分类　季铵化合物分为季铵盐和季铵碱，结构通式为：

$$\left[R-\overset{\overset{\displaystyle R'}{|}}{\underset{\underset{\displaystyle R'''}{|}}{N^+}}-R''\right] X^- \qquad \left[R-\overset{\overset{\displaystyle R'}{|}}{\underset{\underset{\displaystyle R'''}{|}}{N^+}}-R''\right] OH^-$$

季铵盐　　　　　　　　　　　季铵碱

3. 季铵化合物的命名　季铵化合物与无机盐、无机碱相似，"铵"之前加上烃基的名称。例如：

$(CH_3)_4N^+Br^-$　　　　　　　　　　$(CH_3)_2N^+(CH_2CH_3)_2OH^-$

溴化四甲铵　　　　　　　　　　　氢氧化二甲基二乙基铵

4. 季铵化合物的性质　季铵化合物是离子型化合物，为结晶性固体，易溶于水，不溶于非极性有机溶剂。季铵盐具有盐的性质，对热不稳定。季铵碱具有强碱性，其碱性与 NaOH 相近，易溶于水。

度 米 芬

度米芬的化学名称是溴化 N,N- 二甲基 -N-（2- 苯氧乙基）-1- 十二烷铵，属于季铵盐类。白色或微黄色结晶，无臭或微带臭味，味微苦而带皂味，极易溶于乙醇，易溶于水，在乙醚中几乎不溶。其结构式为：

$$
\left[\begin{array}{c}
CH_2(CH_2)_{10}CH_3 \\
| \\
CH_3-N^+-CH_3 \\
| \\
OCH_2CH_2 \\
\end{array}\right] Br^-
$$

度米芬是阳离子表面活性剂型广谱杀菌剂；易吸附于菌体表面，改变细菌胞浆膜的通透性，扰乱其新陈代谢，从而产生抗菌作用；在中性和弱碱性溶液中效果最佳，酸性环境、肥皂、合成洗涤剂和脓血等均会减弱其作用；可用于口腔、咽喉感染的辅助治疗，皮肤、创伤感染消毒，外科器械消毒。

第二节 酰 胺

一、酰胺的结构和命名

（一）酰胺的结构

酰胺可以看作是羧酸分子中**羧基上的羟基**被**氨基或烃氨基**取代后生成的化合物，也可以看作是氨或胺分子中氮原子上的**氢**被**酰基**取代而成的化合物，结构通式为：

$$
R-\overset{\overset{\displaystyle O}{\|}}{C}-NH_2 \qquad R-\overset{\overset{\displaystyle O}{\|}}{C}-NH-R' \qquad R-\overset{\overset{\displaystyle O}{\|}}{C}-N\!\!<\!\!\begin{array}{c}R'\\R''\end{array}
$$

（二）酰胺的命名

简单酰胺根据相应的酰基名称来命名，称为某酰胺。例如：

$$
CH_3-\overset{\overset{\displaystyle O}{\|}}{C}-NH_2
$$

乙酰胺

苯甲酰胺

当氮原子上的氢原子被烃基取代时，则将烃基的名称写在"某酰胺"之前，并冠以"N"，以表示该烃基是与氮原子相连接的；也可以根据酰基和烃基名称命名为"某酰某胺"。例如：

$$CH_3 - \overset{\overset{\displaystyle O}{\|}}{C} - NH - CH_3$$
N-甲基乙酰胺
（乙酰甲胺）

$$CH_3 - \overset{\overset{\displaystyle O}{\|}}{C} - NH - CH_2CH_3$$
N-乙基乙酰胺
（乙酰乙胺）

$$CH_3 - \overset{\overset{\displaystyle O}{\|}}{C} - N\overset{CH_2CH_3}{\underset{CH_3}{\Big\langle}}$$
N-甲基-N-乙基乙酰胺

苯 $- \overset{\overset{\displaystyle O}{\|}}{C} - N\overset{CH_3}{\underset{CH_3}{\Big\langle}}$
N, N-二甲基苯甲酰胺

学与练

请用系统命名法给下列酰胺命名。

（1）$CH_3CH_2 - \overset{\overset{\displaystyle O}{\|}}{C} - NH_2$

（2）苯$-CH_2 - \overset{\overset{\displaystyle O}{\|}}{C} - NH_2$

（3）$CH_3 - \overset{\overset{\displaystyle O}{\|}}{C} - NH - CH_2CH_3$

（4）苯$- \overset{\overset{\displaystyle O}{\|}}{C} - N\overset{CH_2CH_3}{\underset{CH_2CH_3}{\Big\langle}}$

二、酰胺的性质

（一）酰胺的物理性质

甲酰胺常温下为液体，其余均为白色结晶，熔点、沸点比相应羧酸高。低级酰胺易溶于水，高级酰胺难溶于水。

（二）酰胺的化学性质

1. 酸碱性　酰胺不能使石蕊试液变色，是近中性化合物。

2. 水解反应　酰胺在酸、碱的催化下长时间加热回流可以水解，在酸性条件下水解生成羧酸和铵盐，在碱性条件下水解生成羧酸盐和氨。

$$R-\overset{\overset{\displaystyle O}{\|}}{C}-NH_2 + H_2O \xrightarrow{\begin{array}{c} \text{HCl} \\ \hline \triangle \\ \hline \text{NaOH} \\ \hline \triangle \end{array}} \begin{array}{l} RCOOH + NH_4Cl \\ \\ RCOONa + NH_3\uparrow \end{array}$$

三、尿　素

尿素是哺乳动物体内蛋白质代谢的最终产物之一，主要随尿排出。

（一）尿素的结构

从结构上看，尿素是碳酸中的 2 个羟基被氨基取代后生成的碳酰二胺，又称为**脲**。尿素结构模型和结构简式见图 8-2。

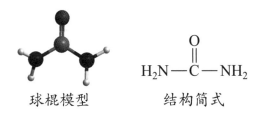

球棍模型　　　　结构简式

图 8-2　尿素的球棍模型和结构简式

（二）尿素的性质

1. 物理性质　尿素是白色结晶，易溶于水，不溶于乙醚、氯仿。

2. 化学性质

（1）弱碱性：尿素分子中有 2 个氨基，具有弱碱性。

（2）水解反应：尿素在酸、碱、酶催化作用下能水解生成氨和二氧化碳。

$$H_2N-\overset{\overset{\displaystyle O}{\|}}{C}-NH_2 + H_2O \xrightarrow{\begin{array}{c}\text{HCl}\\ \hline \text{NaOH}\\ \hline \text{尿素酶}\end{array}} \begin{array}{l} NH_4Cl + CO_2\uparrow \\ Na_2CO_3 + NH_3\uparrow \\ NH_3\uparrow + CO_2\uparrow \end{array}$$

（3）缩二脲的生成及缩二脲反应：将尿素慢慢加热到 150～160℃，2 分子尿素脱去 1 分子氨，生成缩二脲（或称为双缩脲）。

$$H_2N-\overset{\overset{\displaystyle O}{\|}}{C}-\overset{\overset{\displaystyle H}{|}}{N}-\boxed{H + H_2N}-\overset{\overset{\displaystyle O}{\|}}{C}-NH_2 \xrightarrow{150\sim160℃} H_2N-\overset{\overset{\displaystyle O}{\|}}{C}-NH-\overset{\overset{\displaystyle O}{\|}}{C}-NH_2 + NH_3\uparrow$$

缩二脲

缩二脲不溶于水,但能溶于碱,在缩二脲的碱性溶液中加入少量的稀 $CuSO_4$ 溶液,呈现出紫红色,这个颜色反应称为**缩二脲反应**。

凡分子中含有 2 个或 2 个以上**酰胺键**($\overset{\displaystyle O}{\underset{\displaystyle |}{-C-NH-}}$)的化合物,如多肽、蛋白质等,都能发生缩二脲反应。

第三节　重氮和偶氮化合物

一、重氮和偶氮化合物的结构

（一）重氮化合物

重氮化合物是基团—N_2—的一端与烃基相连,另一端与其他非碳原子或基团相连而成的化合物,其官能团—$\overset{+}{N}\equiv N$称为**重氮基**。例如:

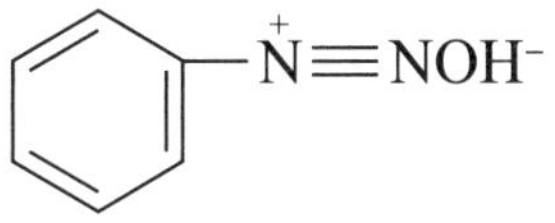

氢氧化重氮苯 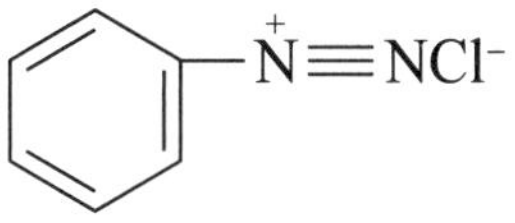　　　　　　　　　　氯化重氮苯

（二）偶氮化合物

偶氮化合物是基团—N=N—的两端都与烃基相连的化合物,其官能团—N=N—称为**偶氮基**。例如:

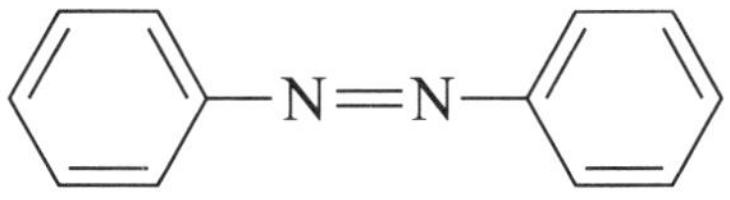

偶氮苯 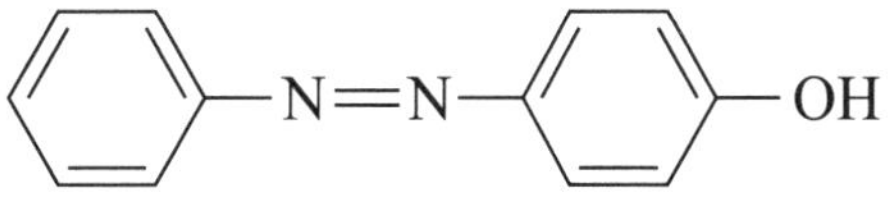　　　　　　　　　　　对羟基偶氮苯

二、重氮和偶氮化合物的化学性质

重氮盐很活泼,可以发生多种化学反应,其主要化学反应为取代反应和偶联反应。

（一）取代反应

重氮盐分子中的重氮基在不同条件下可被羟基、卤素、氰基、氢原子等取代,同时放出氮气,所以又称为**放氮反应**。例如:

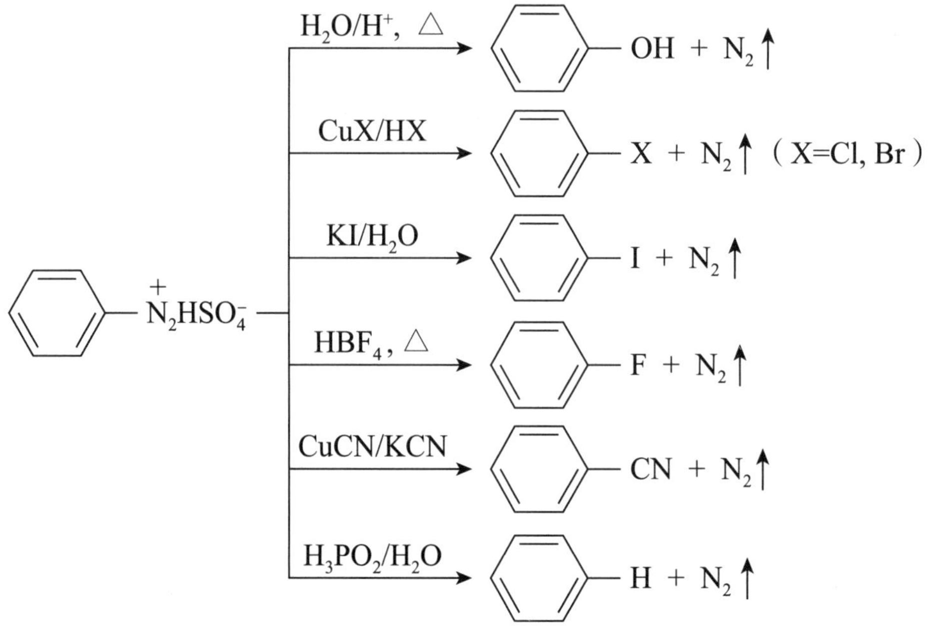

$$\overset{+}{N_2}HSO_4^-$$

反应路径：
- H₂O/H⁺, △ → 苯酚—OH + N₂↑
- CuX/HX → 苯—X + N₂↑（X=Cl, Br）
- KI/H₂O → 苯—I + N₂↑
- HBF₄, △ → 苯—F + N₂↑
- CuCN/KCN → 苯—CN + N₂↑
- H₃PO₂/H₂O → 苯—H + N₂↑

通过重氮盐的取代反应，可以将一些本来难以引入芳环的基团，方便地连接到芳环上，在芳香化合物的合成中具有重要意义。

（二）偶联反应

在低温下，重氮盐与酚或芳胺作用，由偶氮基—N＝N—将2个芳环连接起来，生成偶氮化合物的反应，称为**偶联反应**，又称为**留氮反应**。

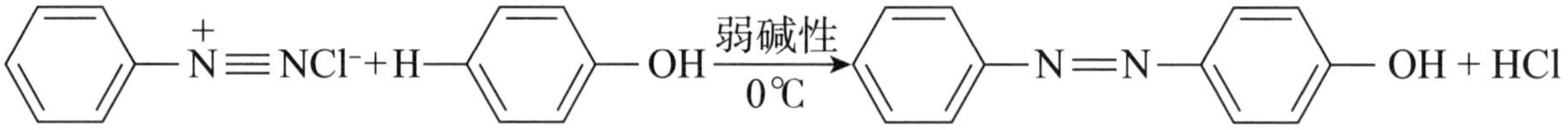

$$\text{苯}\overset{+}{N}\equiv NCl^- + H\text{—苯—OH} \xrightarrow[0℃]{弱碱性} \text{苯—N＝N—苯—OH} + HCl$$

对-羟基偶氮苯（橘黄色）

偶联反应的实质是苯环上的取代反应，酚和芳胺易与重氮盐发生偶联反应，偶联的位置一般在羟基或氨基的对位，当对位被其他取代基占据时，则发生在邻位，一般不发生在间位。如下列各化合物中箭头所指的位置为偶联反应发生的位置（G表示—OH，—NH₂，—NHR，—NR₂等基团）。

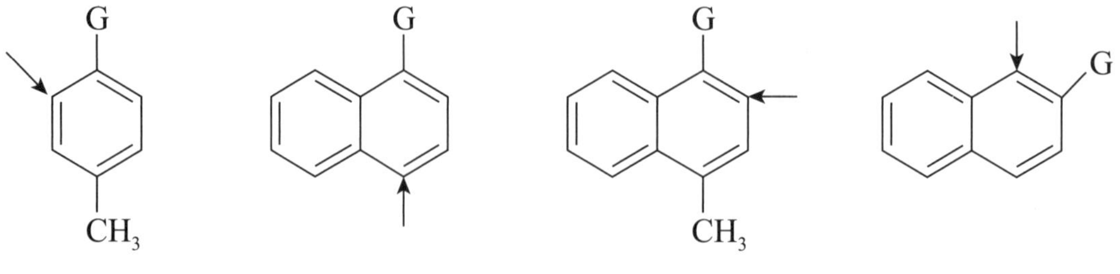

偶氮化合物都有颜色，有些能牢固地附着在纤维织品上，可以作为染料，称为偶氮染料，可用作涂片或切片的染色剂。有些偶氮化合物能随着溶液pH的改变而灵敏地变色，可以作为酸碱指示剂，如甲基橙就是一种芳香族偶氮化合物。其结构式为：

$$\underset{CH_3}{\overset{CH_3}{\diagdown}}N-\!\!\!\!\!\diagup\diagdown\!\!\!\!\!-N\!=\!N-\!\!\!\!\!\diagup\diagdown\!\!\!\!\!-SO_3Na$$

项目	胺	酰胺
结构	胺可以看作氨分子中的氢原子被烃基取代而生成的化合物	羧酸分子中羧基上的羟基被氨基或烃氨基取代后生成的化合物
分类	①根据胺分子中氮原子所连烃基种类分类;②根据胺分子中氮原子连接烃基的数目分类;③根据胺分子中氨基的数目分类	尿素是碳酸中的2个羟基被氨基取代后生成的碳酰二胺,又称为脲,是碳酸的二酰胺
命名	①简单胺:以胺为母体,烃基作为取代基;②复杂胺:烃或其余结构部分为母体,氨基作为取代基来命名;③多元胺:在烃基名称之后,"胺"字之前加上二、三等数目来命名	酰胺的命名是"某酰胺"或"某酰某胺",或冠以"N"以表示该烃基是与氮原子相连接的
性质	①碱性;②酰化反应;③兴斯堡反应;④亚硝酸反应;⑤取代反应	酰胺:①近中性;②能发生水解反应 尿素:①呈弱碱性;②能发生水解反应;③生成缩二脲

（顾　伟）

思考与练习

一、填空题

1. 从结构上看,胺可看作氨分子中的 _____ 原子被1个或几个 _____ 取代后生成的化合物。

2. 从结构上看,酰胺是羧酸分子中羧基上的羟基被 _____ 或烃氨基取代后生成的化合物;也可以看作氨或胺分子中氮原子上的氢原子被 _____ 取代后生成的化合物。

3. 尿素在酸、碱或酶催化下也能发生水解,加热到150~160℃,2分子尿素脱去1分子氨,生成_____。该物质不溶于水,但能溶于碱,加入少量的稀 $CuSO_4$ 溶液后呈现出紫红色。这个颜色反应称为_____。

4. 伯胺、仲胺分子中氮原子上的氢原子被苯磺酰基取代,生成_____的反应,称为兴斯堡反应。

二、简答题

1. 用系统命名法命名下列化合物

(1) $CH_3-CH_2-NH_2$

(2)

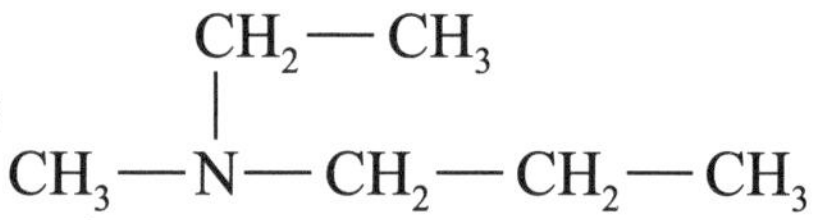

$$CH_3-N(CH_2-CH_3)-CH_2-CH_2-CH_3$$

(3)

苯环-NH-CH_3

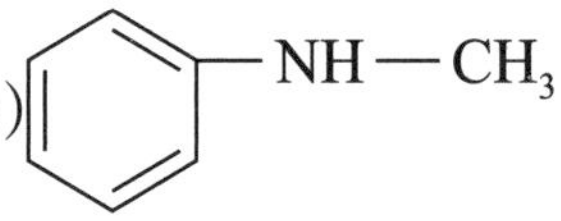

(4)

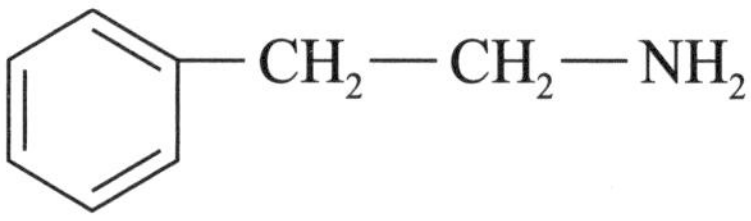

苯环-CH_2-CH_2-NH_2

(5)

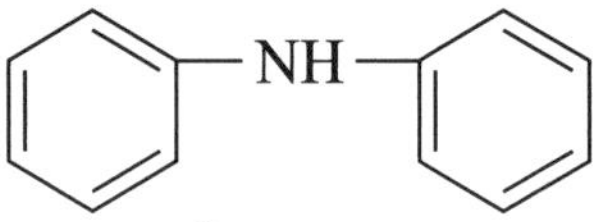

苯环-NH-苯环

(6)

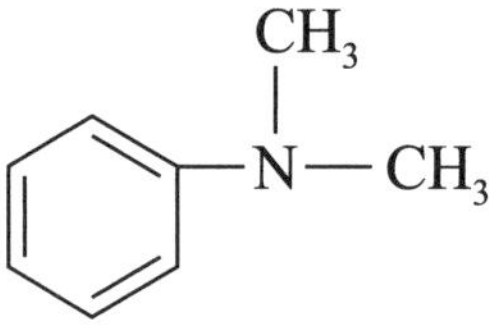

苯环-N(CH_3)-CH_3

(7)

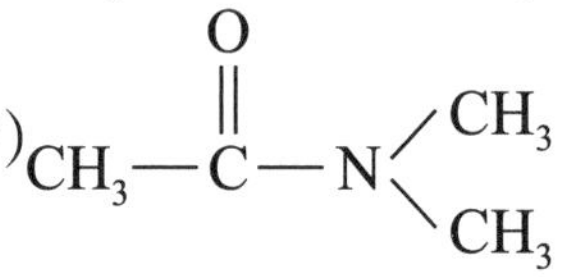

$$CH_3-C(=O)-N(CH_3)(CH_3)$$

(8)

$$CH_3CH_2-C(=O)-NH-CH_2-CH_3$$

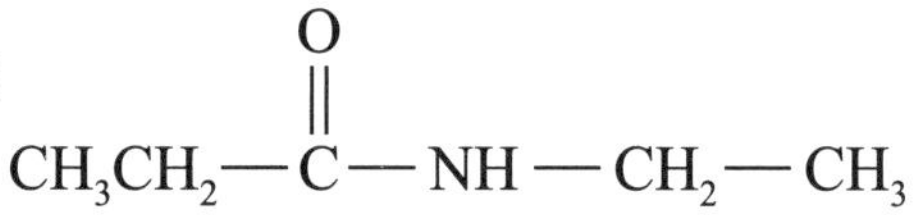

2. 写出下列物质的结构简式

(1)二甲乙胺 (2)N-乙基乙酰胺

(3)1,6-己二胺 (4)尿素

3. 用化学方法鉴别下列各组物质

(1)乙胺、甲乙胺、三甲胺

(2)苯酚、苯胺、二苯胺

第九章 | 杂环化合物和生物碱

09章 数字资源

1. 具有探索未知、崇尚真理的意识和社会责任感。
2. 掌握呋喃、噻吩、吡咯、吡啶的结构特征。
3. 熟悉杂环化合物分类、命名；生物碱的概念、一般性质。
4. 了解喹啉、嘌呤、吲哚等杂环化合物；麻黄碱等生物碱。
5. 学会将化学知识、医学知识、生活常识密切联系。

 导入案例

三聚氰胺又称为密胺、蛋白精，分子式为 $C_3H_6N_6$，结构简式为 ，

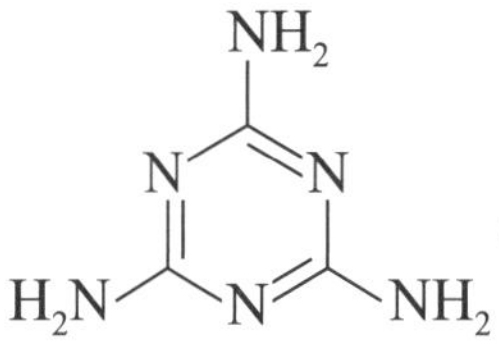

是一种化工原料，其含氮量很高。它是一种三嗪类含氮杂环有机化合物。三聚氰胺对身体有害，不可用于食品加工或食品添加剂。

请思考：

1. 试判断其结构中杂环类型？
2. 三聚氰胺的溶解性和酸碱性？

杂环化合物种类繁多、数量庞大，在自然界中分布广泛，大多数杂环化合物具有明显的生理活性。人体内的氨基酸如色氨酸、动物中的血红素、植物中的叶绿素、核酸的碱基等都是杂环化合物。重要的合成药物如抗生素、中草药中的生物碱、一些植物色素和合成染料也是杂环化合物。杂环化合物在医药上具有重要的地位，临床上使用的很多药物如磺胺类、呋喃类等也属于杂环化合物。

第一节 杂环化合物

杂环化合物指构成环的原子除碳原子外,还含有非碳原子的环状有机化合物。环中的非碳原子称为杂原子,常见的杂原子有氧、硫、氮原子等。

一、杂环化合物的分类和命名

(一)分类

根据杂环母体中所含环的数目,杂环化合物分为**单杂环**和**稠杂环**两大类。单杂环又可根据成环原子数的多少分类,最常见的有五元杂环和六元杂环。稠杂环可分为苯稠杂环(苯环与单杂环稠合)和杂稠杂环(2个以上单杂环稠合)两种。常见杂环化合物母环的结构和名称见表9-1。

表9-1 常见杂环化合物母环的结构和命名

类别		常见的杂环母环的结构和名称
单杂环	五元杂环	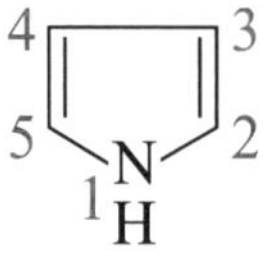 吡咯 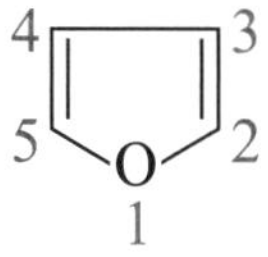　呋喃 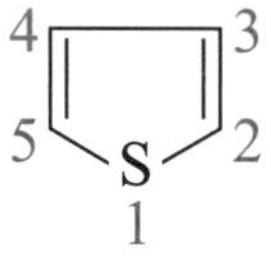　噻吩 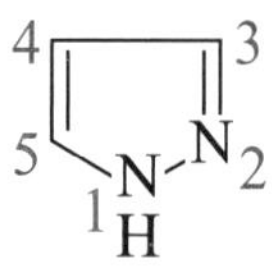吡唑 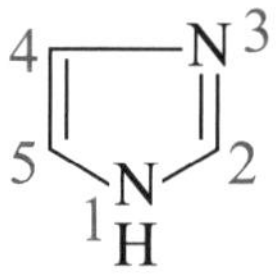　咪唑 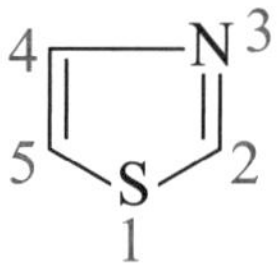　噻唑 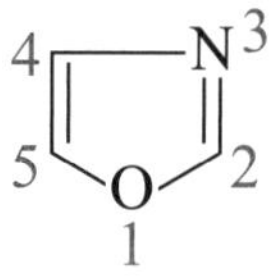　噁唑 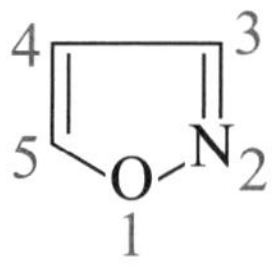　异噁唑
	六元杂环	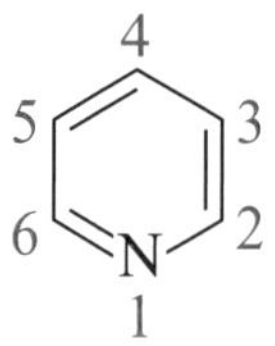 吡啶 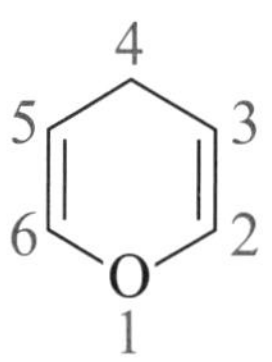　吡喃 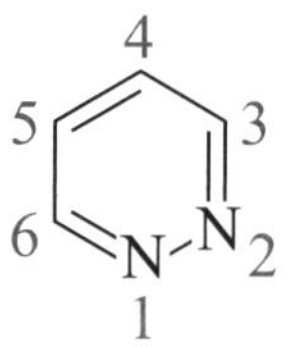　哒嗪 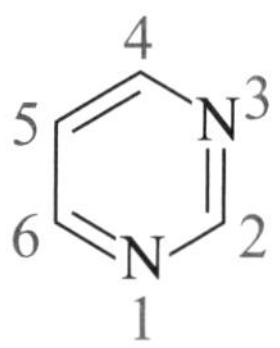　嘧啶 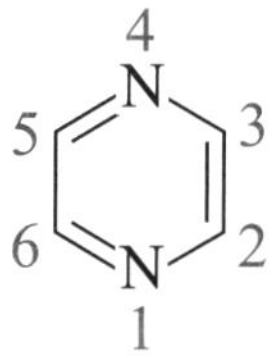　吡嗪
稠杂环	苯稠杂环	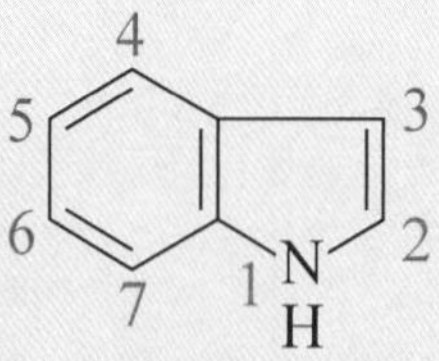 吲哚 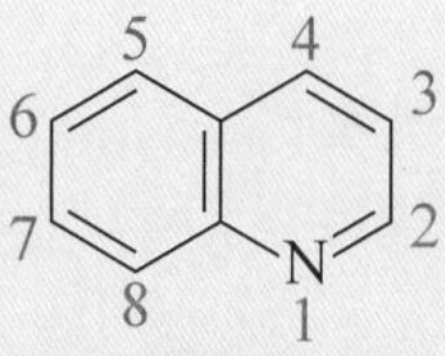　喹啉 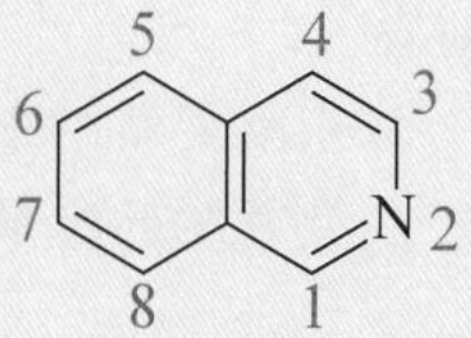　异喹啉
	杂稠杂环	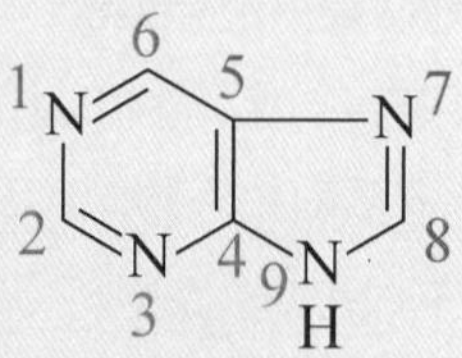 嘌呤

（二）命名

1. 杂环化合物的命名常用音译法，即按英文名称的音译，选用同音汉字，再加上"口"字旁表示杂环名称，如呋喃（furan）、吡咯（pyrrole）、吲哚（indole）等。

2. 当杂环上有取代基时，以杂环为母体，将环上原子进行编号，然后把取代基的位次、数目和名称写在杂环母体名称的前面。编号的原则：

（1）当杂环上只有 1 个杂原子时，从杂原子开始，依次用 1、2、3……编号（或与杂原子相邻的碳原子依次用 α、β、γ 等）。

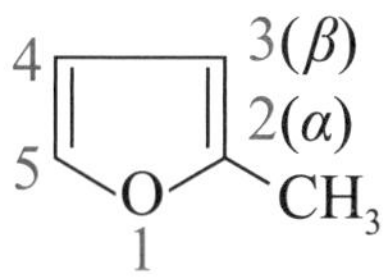

2-甲基呋喃（α-甲基呋喃） 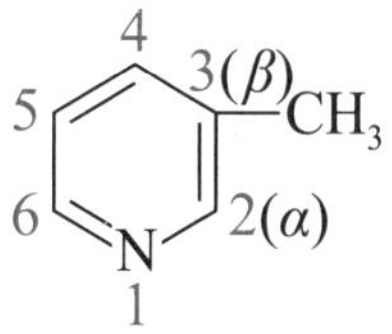　　　　　　3-甲基吡啶（β-甲基吡啶）

（2）当杂环上有 2 个相同的杂原子时，尽可能使杂原子的编号最小。如果其中 1 个杂原子上连有氢原子，从该原子开始编号。如环上不止一种杂原子，则按 O、S、N 的顺序进行编号。

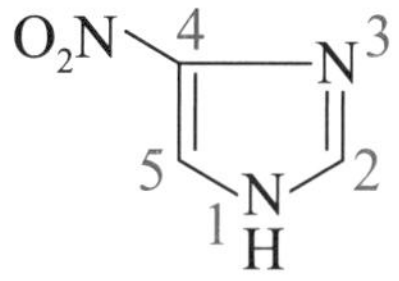

4-硝基咪唑 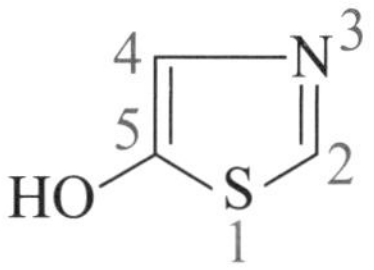　　　　　　5-羟基噻唑

（3）稠杂环有特定的编号。

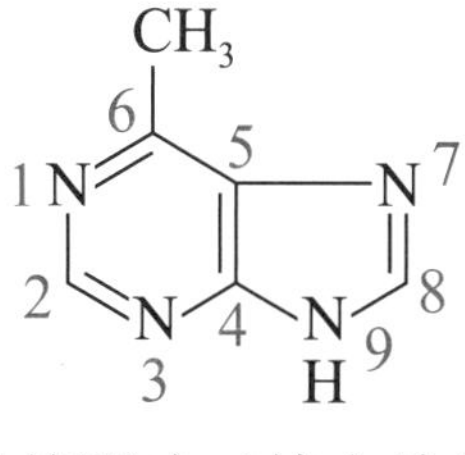

6-甲基嘌呤（特定编号）

3. 当杂环上连有醛基（—CHO）、羧基（—COOH）、磺酸基（—SO₃H）等官能团时，需将杂环看成取代基，把侧链的官能团看成母体。例如：

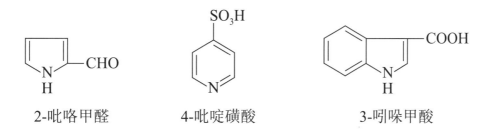

2-吡咯甲醛　　　　　4-吡啶磺酸　　　　　3-吲哚甲酸

用系统命名法命名下列化合物。

（1） 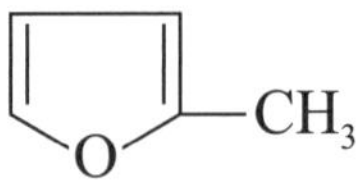   （2） 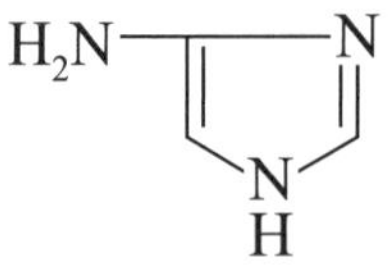   （3）

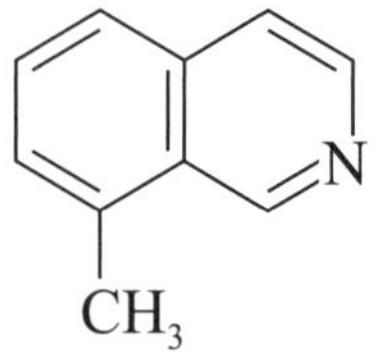

二、常见的杂环化合物

（一）吡咯

吡咯为无色液体，有显著的刺激性气味，微溶于水，易溶于乙醇和乙醚等有机溶剂。吡咯在空气中易氧化，颜色迅速变深。吡咯蒸气遇盐酸浸湿的松木片呈红色，用此反应可检验吡咯。

吡咯的衍生物广泛存在于自然界，如叶绿素、血红素、维生素 B_{12} 及多种生物碱中均含有吡咯环，具有重要生理作用。

（二）呋喃

呋喃是无色易挥发的液体，有氯仿气味，难溶于水，易溶于乙醇、乙醚等有机溶剂；遇强酸或加热蒸发能树脂化。呋喃蒸气遇盐酸浸湿的松木片呈绿色，用此反应可检验呋喃的存在。

糠醛是呋喃的重要衍生物，又称为 2-呋喃甲醛，用作有机合成的原料，也用于树脂、油漆等工业。

（三）噻唑

噻唑是无色有臭味的液体，微溶于水，有弱碱性。噻唑是稳定的化合物，在空气中不会自动氧化。

噻唑的衍生物在药物中应用广泛，如维生素 B_1（又称为硫胺素）、青霉素 G 等都含有噻唑环。维生素 B_1 可用于预防和治疗维生素 B_1 缺乏症（又称为脚气病）、神经炎、消化不良等。

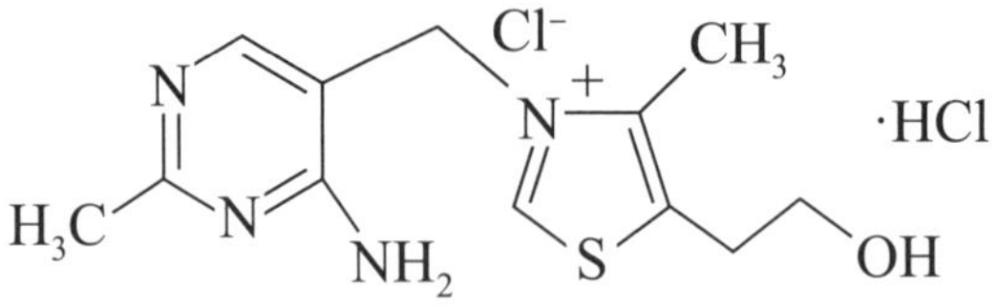

盐酸硫胺素

青 霉 素

英国细菌学家亚历山大·弗莱明在一次实验中发现金黄色葡萄球菌培养皿中长出了一团绿色霉菌,霉菌周围的葡萄球菌落消失了。他将霉菌分泌的抑菌物质称为青霉素。1939年弗莱明将菌种提供给病理学家弗洛里和生物化学家钱恩进行研究。经过一段时间的实验,弗洛里、钱恩终于从青霉菌培养液中提取出青霉素晶体。1941年用青霉素治疗人类细菌感染取得成功。1945年,弗莱明、弗洛里和钱恩因"发现青霉素及其临床效用"而共同荣获了诺贝尔生理学或医学奖。青霉素的发现,使人类找到了一种具有强大杀菌作用的药物,人类进入了合成新药的时代。

青霉素G

（四）吡啶

吡啶为无色液体,有恶臭,有毒,触及人体易使皮肤灼伤;能与水、乙醇、乙醚等混溶,还能溶解各种有机化合物及无机盐,是一种良好的溶剂。

吡啶的衍生物广泛存在于自然界,如异烟肼、维生素B_6、维生素PP等。异烟肼是治疗结核病的良好药物。维生素B_6广泛存在于动、植物体内,包括吡哆醇、吡哆醛、吡哆胺,动物体内缺乏维生素B_6时,蛋白质代谢就不能正常进行,临床上常用维生素B_6治疗婴儿惊厥、妊娠呕吐和精神焦虑等。维生素PP包括烟酸和烟酰胺两种,能促进人体细胞的新陈代谢。烟酸缺乏会患烟酸缺乏症(又称为癞皮病),临床以皮炎、舌炎、肠炎、精神异常及周围神经炎为特征。

异烟肼   吡哆醛   烟酸（3-吡啶甲酸）

（五）嘧啶

嘧啶为无色晶体,易溶于水,有弱碱性。嘧啶是很多杂环化合物的母核。

嘧啶的衍生物在自然界分布很广,广泛存在于动植物中,并在动植物的新陈代谢中起重要作用。如核酸中的碱基,尿嘧啶、胞嘧啶和胸腺嘧啶都含有嘧啶环结构。

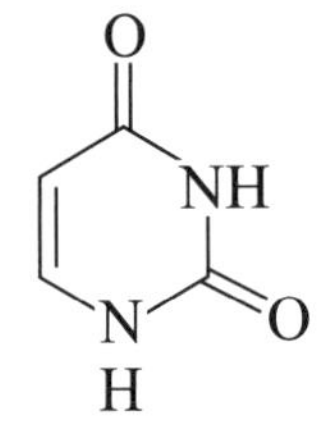

尿嘧啶 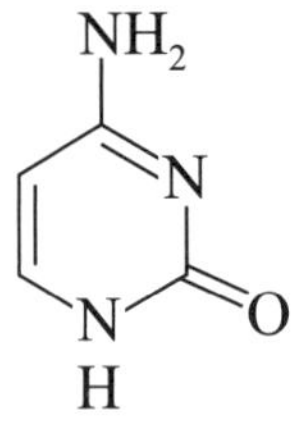　　　　　　　　胞嘧啶 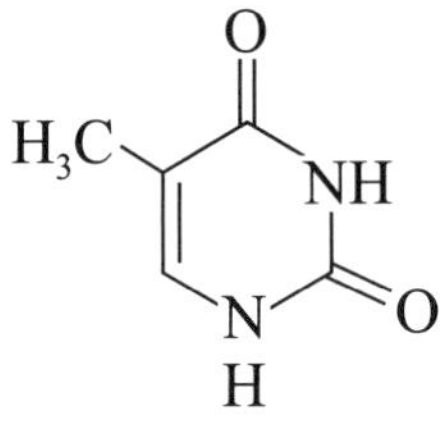　　　　　　　　胸腺嘧啶

在许多合成药物中也含有嘧啶环结构,如抗菌药磺胺嘧啶。

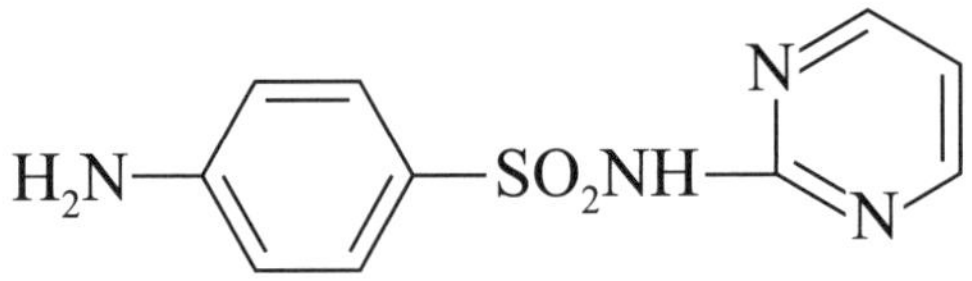

（六）吲哚

吲哚是无色片状结晶,有粪臭味。但它在低浓度时有花的香味,可作香料,能溶于有机溶剂和热水中。

含吲哚环的生物碱广泛存在于植物中,如麦角碱、马钱子碱、利血平等。人、哺乳动物脑组织中的重要物质 5-羟色胺、蛋白质的组分色氨酸都含有吲哚环。

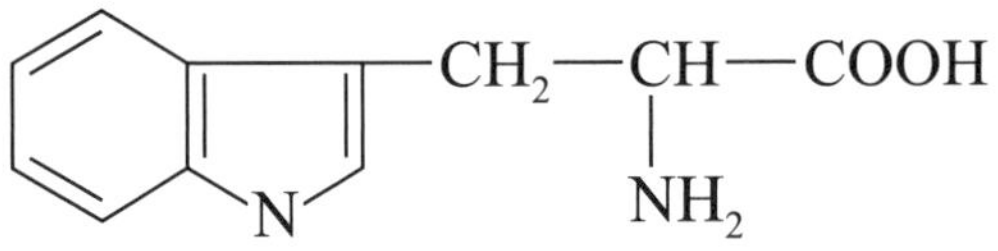

色氨酸

（七）喹啉

喹啉是无色油状液体,有特殊气味,水溶性很小,能与乙醇、乙醚混溶。

有些生物碱如奎宁具有喹啉杂环结构,生物碱吗啡、小檗碱等分子中含有氢化异喹啉杂环结构。

（八）嘌呤

嘌呤为无色晶体,易溶于水,能与强酸或强碱作用生成盐。

嘌呤的衍生物广泛存在动植物体中,如腺嘌呤、鸟嘌呤是核酸的碱基,咖啡因、茶碱分别存在于咖啡、茶叶中,尿酸存在于哺乳动物的尿和血液中。另一些抗肿瘤、抗病毒、抗过敏等生物活性物质,也含有嘌呤的结构,如 6-巯基嘌呤、虫草素等。

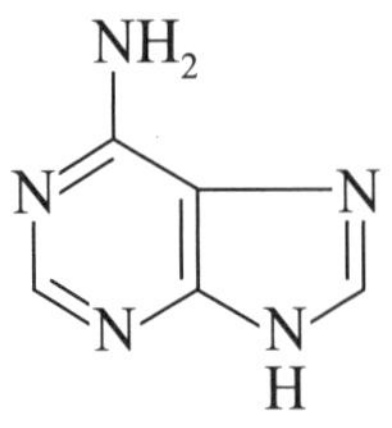

腺嘌呤 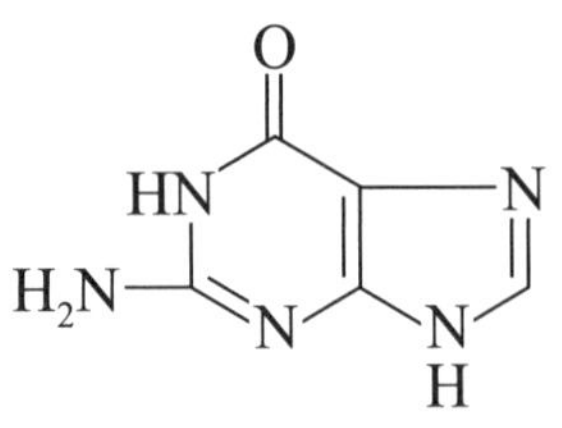　　　　　　　　　　鸟嘌呤

尿酸与痛风

尿酸是人体内嘌呤碱基代谢的终产物,呈酸性,在体液中以尿酸或尿酸盐的形式存在。正常人体内尿酸的代谢处于平衡状态。但当嘌呤代谢障碍时,血液和尿液中尿酸含量增加。而高尿酸血症病人因尿酸盐沉积,导致反复发作的急性关节炎、痛风石沉积、痛风性慢性关节炎和关节畸形,称为痛风。

尿酸

第二节 生 物 碱

一、生物碱概述

生物碱是一类存在于生物体内,对人和动物有显著生理作用的含氮的碱性有机化合物。由于生物碱主要存在于植物中,又称为植物碱。其碱性大多数是因为含有氮杂环,但也有少数非杂环的生物碱。

生物碱有较强的生理活性,许多药用植物和中草药的有效成分之一,广泛应用于医药中。例如,喜树中的喜树碱、长春花中的长春花碱、红豆杉中的紫杉醇可用于抗肿瘤;黄连中的小檗碱具有很好的抗菌作用。但有些生物碱也有很强的致毒作用,即使作为中药使用,用量不当也足以致人死命如烟碱。还有些生物碱容易使人产生依赖性,如海洛因。

生物碱的研究促进了有机合成药物的发展。例如,通过研究阿片中吗啡的化学结构,人工合成了镇痛药哌替啶和芬太尼等;还通过研究古柯碱的化学结构,人工合成了局部麻醉药普鲁卡因等。

二、生物碱的一般性质

(一)性状

生物碱一般是无色或白色的结晶性固体,且具有苦味。但有少数是例外的,如小檗碱为黄色,烟碱为液体,甜菜碱有甜味等。游离的生物碱一般难溶或不溶于水,能溶于乙醇、丙酮、苯等有机溶剂。

（二）碱性

大多数生物碱为含氮有机化合物，具有碱性，能与酸生成生物碱盐。生物碱盐能溶于水，临床上利用此性质将生物碱药物制成易溶于水的生物碱盐类而应用，如硫酸阿托品；生物碱盐遇强碱后能从它的盐中游离出来。所以，利用此性质提纯或精制生物碱。

$$游离生物碱 \underset{OH^-}{\overset{H^+}{\rightleftharpoons}} 生物碱盐$$

（难溶于水） 　　　　（易溶于水）

（三）沉淀反应

生物碱能与生物碱沉淀试剂反应，生成简单盐或复盐的有色沉淀。常用的生物碱沉淀试剂有重金属的复盐如碘化铋钾（$KBiI_4$）试剂（生成红棕色沉淀）、碘化汞钾（K_2HgI_4）试剂（生成白色沉淀）等；还有一些酸溶液如苦味酸（生成黄色沉淀）、磷钼酸（生成浅黄色或橙黄色沉淀）等。此类反应可以初步判定生物碱的存在，也可以用于生物碱的分离和精制。

（四）显色反应

生物碱能与多种试剂反应，呈现出各种颜色。常用的生物碱显色剂是以浓硫酸为溶剂，加入少量的钼酸铵（或钠）、甲醛、浓硝酸和浓碘酸等为溶质的溶液。如甲醛 - 浓硫酸与吗啡反应显紫红色，与可待因反应显蓝色。因此，显色反应常用于鉴别生物碱。

 学与练

判断题。

（1）生物碱多为无色晶体，易溶于水，难溶于有机溶剂。

（2）在实际工作中，常用沉淀反应和颜色反应来检验生物碱。

三、常见的生物碱

（一）麻黄碱

麻黄碱是从麻黄科植物中分离得到的有机胺类生物碱，也可人工合成。它具有收缩血管、兴奋中枢神经、强心、升高血压等作用。临床上盐酸麻黄碱可用于慢性低血压症；缓解荨麻疹和血管神经性水肿等过敏反应。

$$\begin{array}{c} \text{CH}-\text{CH}-\text{CH}_3 \\ | \qquad | \\ \text{OH} \quad \text{NH}-\text{CH}_3 \end{array}$$

麻黄碱

（二）莨菪碱

莨菪碱存在于莨菪、颠茄、曼陀罗、洋金花等茄科植物中，其外消旋体就是阿托品。阿托品具有抑制腺体分泌、解除平滑肌痉挛的作用，能扩张瞳孔，在眼科用作散瞳剂。临床上使用的硫酸阿托品用于治疗肠、胃平滑肌痉挛和十二指肠溃疡等，也可为急性有机磷中毒的解毒剂。

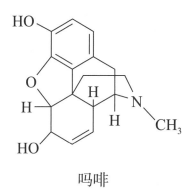

莨菪碱

（三）吗啡

吗啡主要存在于罂粟中，属异喹啉衍生物类生物碱，是阿片中含量最多的有效成分。吗啡具有镇痛、止痉、止咳、催眠、麻醉中枢神经等作用。临床上常用吗啡盐酸盐做镇痛剂，用磷酸可待因做镇咳药和镇痛药。

吗啡

 知识拓展

吗啡及衍生物

1. 吗啡　从阿片中分离出来的生物碱，有强效镇痛作用，易成瘾，需在严格控制下使用。

2. 可待因　又称为甲基吗啡，也是阿片的一种天然生物碱。镇咳效果较好，但长期使用能成瘾。

3. 海洛因　吗啡分子中的羟基经乙酰化反应生成的。服用后极易成瘾，过量会因呼吸抑制而死亡，从不作为药用，被禁止制造和出售，严重危害人类的健康。

（四）小檗碱

小檗碱又称为黄连素，是存在于黄连、黄柏等植物中的一种异喹啉类生物碱。小檗碱具有抗菌作用。临床上常用其盐酸盐治疗肠胃炎和细菌性痢疾等。

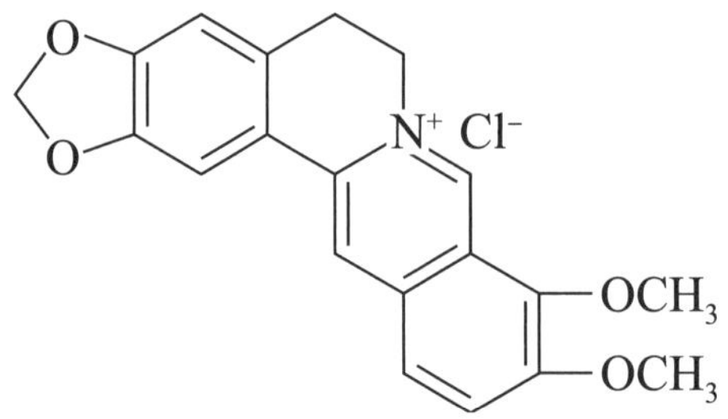

盐酸小檗碱

（五）肾上腺素

肾上腺素是肾上腺髓质分泌的激素。肾上腺素具有收缩血管，升高血压，强心的作用。临床上使用的是盐酸肾上腺素注射液，用于支气管痉挛的急性发作、过敏性休克、心脏骤停的急救等。

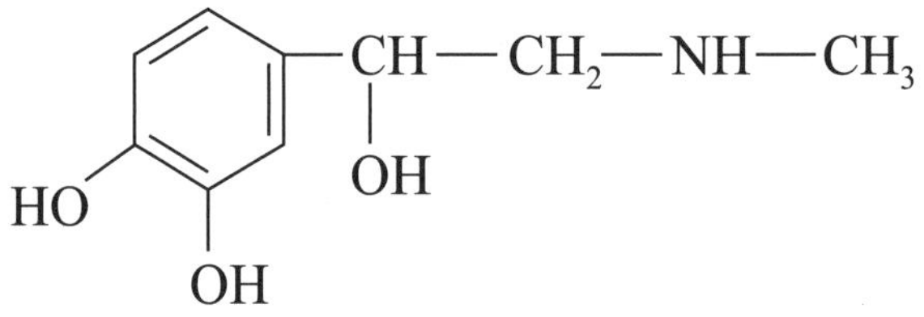

肾上腺素

章末小结		项目	内容
	杂环化合物	概念	环状化合物中，构成环的原子除碳原子外，还含有非碳原子的化合物
		分类	单杂环（五元杂环和六元杂环） 稠杂环（苯稠杂环和杂稠杂环）
		命名	杂环化合物的命名常用音译法
	生物碱	概念	是一类存在于生物体内，对人和动物有显著生理作用的含氮的碱性有机化合物
		一般性质	①碱性；②沉淀反应；③显色反应

（庞晓红）

思考与练习

一、填空题

1. 单杂环化合物通常分为_____杂环和_____杂环两类。

2. 生物碱是一类存在于_____内,对人和动物有显著生理作用的含氮的_____有机化合物。

3. 小檗碱又称为_____,用于治疗_____和_____等疾病。

二、简答题

1. 用系统命名法命名下列化合物

（1）

（2）

（3）

2. 请指出下列物质中杂环类别

（1）

吲哚美辛（消炎、解热镇痛）

（2）

奎宁（抗疟作用）

第十章 | 糖 类

10章 数字资源

1. 具有宏观辨识与微观探析、现象观察与规律认知、实验探究与创新意识、科学态度与社会责任等化学学科核心素养。
2. 掌握糖类的定义和分类；葡萄糖、果糖的结构；单糖、双糖的性质。
3. 熟悉常见糖类的结构特征。
4. 了解糖类的生理作用及其在医药领域中的应用。
5. 学会单糖、双糖和多糖的鉴别及临床上定量检测血糖的原理。

 导入案例

根据中华医学会糖尿病学分会发布的《中国 2 型糖尿病防治指南（2020 版）》，糖尿病的主要诊断依据是糖尿病症状加上空腹血糖 ≥ 7.0mmol/L 或随机血糖 ≥ 11.1mmol/L。血糖指人体血液中游离的葡萄糖。

请思考：

1. 葡萄糖的化学结构是什么？
2. 临床上血糖的定量检测是利用葡萄糖的什么化学性质？

糖类是自然界中分布广泛的一类重要的有机化合物，是一切生命体维持生命活动所需能量的主要来源。人体血液中游离的葡萄糖、日常使用的蔗糖、粮食中的淀粉、植物体内的纤维素等都是糖类。从低等微生物到高等生物的机体中，时刻都在进行着一系列复杂的糖代谢。糖类是细胞膜的组成成分，是遗传物质核酸的重要结构部分，在生命过程中发挥着重要的生理功能。学习糖类的基本结构和主要的化学性质，可为生物化学和其他医学课程的学习奠定必要的化学基础。

糖类由 C、H、O 三种元素组成，由于早期发现的糖类都符合 $C_n(H_2O)_m$ 的结构通式，所以糖类最早被称为"碳水化合物"。随着科学的发展，发现有些物质属于糖类，如脱氧核糖($C_5H_{10}O_4$)、鼠李糖($C_6H_{12}O_5$)，其分子中氢、氧的个数比不是 2∶1；而有些化合物的分子组成符合该通式，但不属于糖类，如甲醛(CH_2O)、乙酸($C_2H_4O_2$)、乳酸($C_3H_6O_3$)等。因此，糖类称为碳水化合物并不十分恰当，只是由于习惯沿用至今。

从化学结构上看，**糖类是多羟基醛或多羟基酮和它们的脱水缩合物**。根据其水解情况，可将糖类分为**单糖**、**低聚糖**和**多糖**，见表 10-1。

表 10-1　糖类的分类

分类	能否水解	水解产物	实例
单糖	不能	—	葡萄糖、果糖、核糖、脱氧核糖
低聚糖	能	2~10 个单糖分子	蔗糖、麦芽糖、乳糖
多糖	能	10 个以上单糖分子	淀粉、糖原、纤维素

糖类常根据其来源来命名，如来自甘蔗的蔗糖、来自乳汁的乳糖等。

第一节　单　糖

从结构上看，**单糖是多羟基醛或多羟基酮**。其中多羟基醛称为**醛糖**，多羟基酮称为**酮糖**。根据单糖分子中的碳原子数目，可分为丙糖（三碳糖）、丁糖（四碳糖）、戊糖（五碳糖）和己糖（六碳糖）等。单糖中，与医学关系密切的有葡萄糖、果糖、核糖、脱氧核糖、半乳糖和氨基糖等。

一、单糖的结构

（一）葡萄糖的结构

1. 开链式　葡萄糖的分子式为 $C_6H_{12}O_6$，是**己醛糖**。实验证明，葡萄糖分子中有 1 个醛基和 5 个羟基，醛基碳是 1 位碳，其余 5 个碳原子上各连接 1 个羟基，除了 3 位碳上的羟基排在竖直碳链左侧外，其余的羟基都排在右侧。葡萄糖的开链式结构为：

$$
\begin{array}{c}
\overset{1}{\text{H—C}}\!\!\diagdown^{\text{O}} \\
\overset{2}{\text{H—C—OH}} \\
\overset{3}{\text{HO—C—H}} \\
\overset{4}{\text{H—C—OH}} \\
\overset{5}{\text{H—C—OH}} \\
\overset{6}{\text{CH}_2\text{OH}}
\end{array}
$$

单糖分子的 D/L 构型

单糖分子的开链结构采用 D/L 构型命名法，并且以甘油醛为标准而定，凡分子中编号最大的手性碳原子上的羟基在右侧的称为 D 型，在左侧的称为 L 型。葡萄糖分子中编号最大的手性碳原子即 C_5 上的羟基在右，故为 D 型。

天然存在的单糖绝大多数都是 D 型，如 D- 葡萄糖、D- 核糖等。对于 D 型单糖，本教材为简明起见不再标注 D- ，如 D- 葡萄糖直接简写为葡萄糖。

2. 氧环式　由于葡萄糖分子既有醛基，又有羟基，分子内部能发生羟醛缩合反应，形成环状半缩醛。葡萄糖的 5 个羟基中，与醛基反应的主要是 C_5 上的羟基，形成的是两种不同构型、稳定的六元环状半缩醛。在糖的环状半缩醛中，C_1 上所生成的羟基称为半缩醛羟基，也称为**苷羟基**。在 D 型糖中，C_1 上半缩醛羟基在右侧（与葡萄糖 C_5 上羟基在同一边）的为 α 构型，半缩醛羟基在左侧的则为 β 构型。

α-葡萄糖（约占36%）　　　葡萄糖（微量）　　　β-葡萄糖（约占64%）

氧环式结构不能表达出葡萄糖的真实结构。因为在环状结构中，碳原子不可能是直线排列，同时 C_1 和 C_5 之间通过氧桥连接的键也不可能那么长。为了较真实地表示单糖的环状结构和基团在空间的相对位置，通常采用哈沃斯投影式。

3. 哈沃斯投影式　在哈沃斯投影式中，葡萄糖分子环上的碳原子和氧原子构成 1 个平面六边形，C_1 在右侧，C_2 和 C_3 在前面，C_4 在左侧，C_5 和氧原子在后面，成环的碳原子可以省略不写，但氧原子要写出，纸平面前面的 3 个碳碳单键用粗线表示。把在氧环式结构中排在左侧的氢原子和羟基（C_5 上是羟甲基）写在环平面之上；排在右侧的氢原子

（包括 C_5 上的氢原子）和羟基写在环平面之下（即左上右下）。α- 葡萄糖和β- 葡萄糖的哈沃斯投影式表示为：

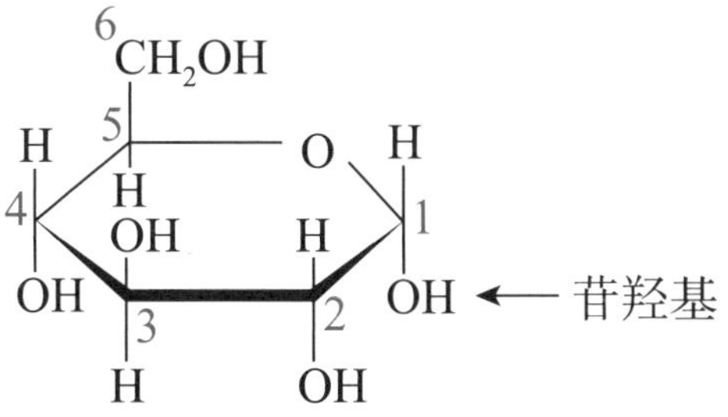

α-葡萄糖 β-葡萄糖

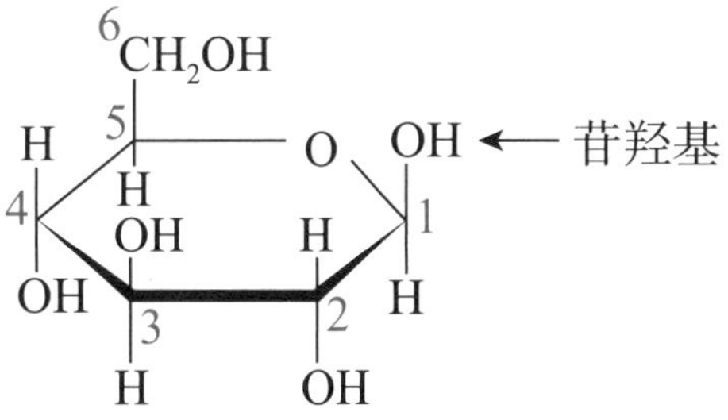

（二）果糖的结构

1. 开链式　果糖的分子式为 $C_6H_{12}O_6$，是**己酮糖**，与葡萄糖互为同分异构体。果糖分子中 C_2 是酮基，其余 5 个碳原子上各连有 1 个羟基，除 C_1 外，其余碳原子上羟基的空间位置与葡萄糖相同，其开链式结构为：

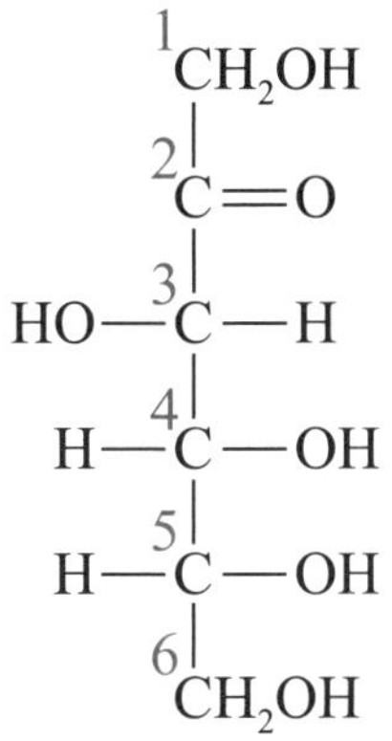

2. 氧环式　由于果糖分子中与酮基相邻的碳原子上都有羟基，致使酮基的活泼性提高，能与 C_5 或 C_6 上的羟基生成半缩酮。实验证明，果糖以游离状态存在时，其半缩酮以六元环（吡喃型）的形式存在为主。

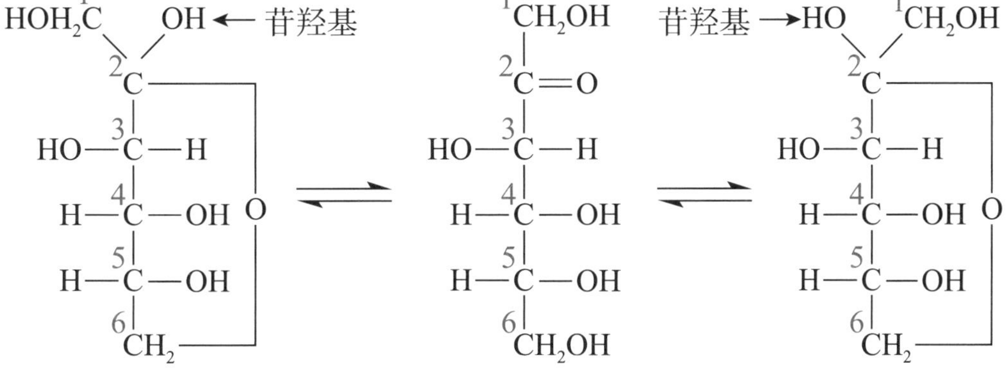

α-吡喃果糖   果糖 β-吡喃果糖

3. 哈沃斯投影式　其哈沃斯投影式为：

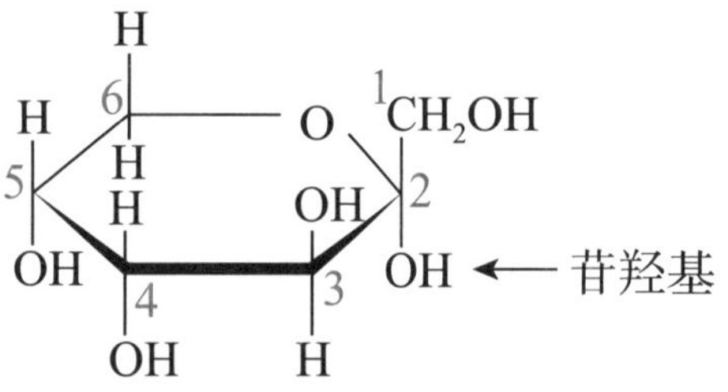

α-吡喃果糖　　　　　　　　　　　β-吡喃果糖

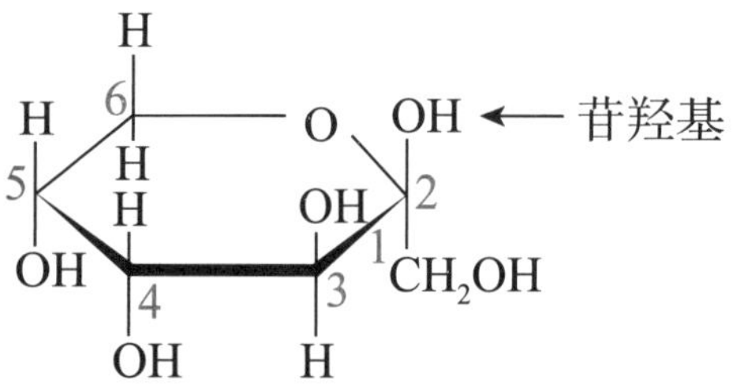

当果糖以结合状态（例如在蔗糖中）存在时，则半缩酮以五元环（呋喃型）的形式存在为主。由于 C_2 上苷羟基在空间的排列不同，氧环式结构的果糖也有 α- 型和 β- 型两种构型，苷羟基在右侧为 α- 型，在左侧为 β- 型。用氧环式表示为：

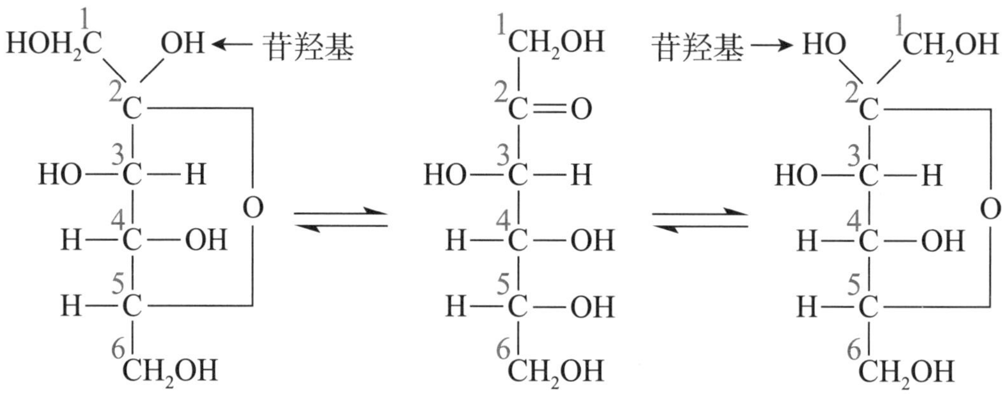

α-呋喃果糖　　　　　　　果糖　　　　　　　β-呋喃果糖

在果糖的水溶液中，呋喃果糖和吡喃果糖同时存在。呋喃果糖的环状结构也可用哈沃斯投影式表示为：

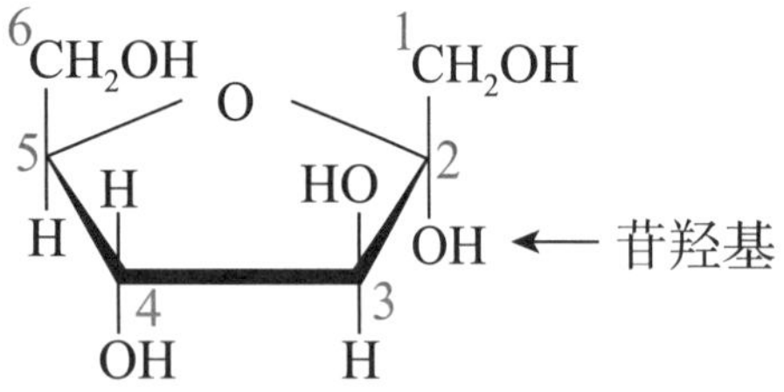

α-呋喃果糖　　　　　　　　　　　β-呋喃果糖

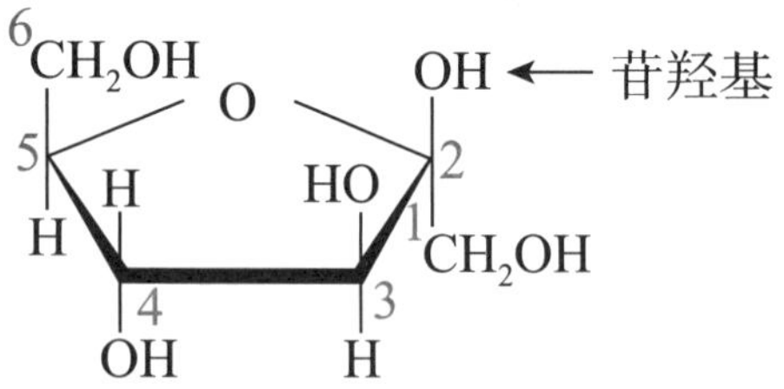

（三）核糖和脱氧核糖的结构

1. 开链式　核糖的分子式为 $C_5H_{10}O_5$，脱氧核糖的分子式为 $C_5H_{10}O_4$，它们都是戊醛糖。二者结构上的差异在于：核糖的 C_2 原子上有 1 个羟基，而脱氧核糖的 C_2 原子上没有羟基，只有氢原子。因此，脱氧核糖可以看作是核糖中 C_2 原子上的羟基脱去氧原子而得到的。它们的开链式结构为：

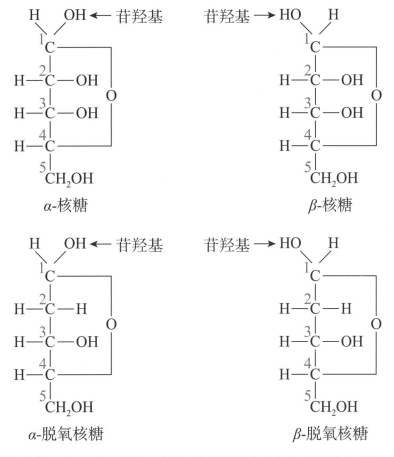

（顶部化学结构式）

核糖　　　　　脱氧核糖

2. 氧环式　核糖和脱氧核糖中都有醛基和羟基,可以发生反应生成半缩醛,在生物体内以五元环(呋喃型)的形式存在,其氧环式结构为:

α-核糖　　　　　β-核糖

α-脱氧核糖　　　　　β-脱氧核糖

3. 哈沃斯投影式　在生物化学中,多用哈沃斯投影式来表示核糖和脱氧核糖的环状结构。

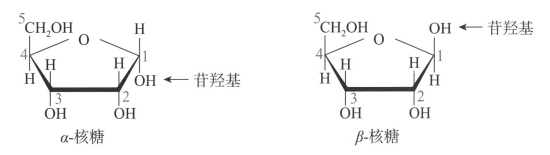

α-核糖　　　　　β-核糖

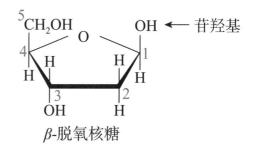

α-脱氧核糖   β-脱氧核糖

 学与练

请写出 α- 葡萄糖、β- 呋喃果糖的哈沃斯投影式。

二、单糖的性质

（一）单糖的物理性质

单糖大多是无色或白色晶体，易溶于水，难溶于乙醇等有机溶剂，有吸湿性。单糖具有甜味，不同单糖甜度各不相同，在自然界中以果糖为最甜。

（二）单糖的化学性质

1. 氧化反应　单糖中的醛糖和酮糖结构中都含有苷羟基，具有**还原性**，能与弱氧化剂发生氧化反应。凡能与弱氧化剂发生反应的糖称为**还原糖**，不能与弱氧化剂发生反应的糖称为**非还原糖**，一般单糖都是还原糖。

（1）与托伦试剂反应：托伦试剂中的 $[Ag(NH_3)_2]^+$ 有弱氧化性，能被单糖还原成单质银，附着在玻璃器皿壁上形成光亮的银镜。单糖被氧化后生成复杂的氧化产物，该反应称为**银镜反应**。

$$单糖 + [Ag(NH_3)_2]^+ \xrightarrow[\triangle]{OH^-} Ag\downarrow + 复杂的氧化产物$$

（2）与本尼迪克特试剂反应：本尼迪克特试剂（又称为班氏试剂）是由 $CuSO_4$、Na_2CO_3 和柠檬酸钠配制成的蓝色溶液，其主要成分是 Cu^{2+} 的配离子，有弱氧化性，可被单糖还原生成砖红色的 Cu_2O 沉淀。

$$单糖 + Cu^{2+}(配离子) \xrightarrow[\triangle]{OH^-} Cu_2O\downarrow + 复杂的氧化产物$$

在临床检验中，常用这一反应来检验尿液中是否含有葡萄糖。测定尿糖阳性是糖尿病辅助诊断方法之一。

葡 醛 内 酯

葡萄糖在肝中氧化酶的催化作用下,能被氧化为葡糖醛酸,即末端的羟甲基被氧化为羧基。

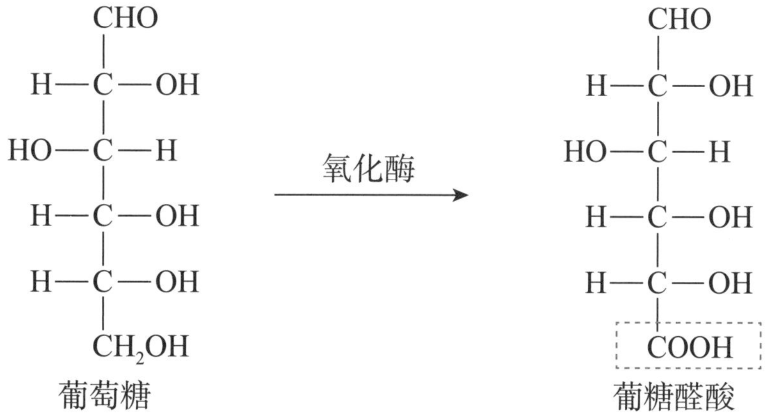

$$\text{葡萄糖} \xrightarrow{\text{氧化酶}} \text{葡糖醛酸}$$

葡糖醛酸可分子内成酯,是非处方类保肝药物葡醛内酯片的主要成分,可用于急慢性肝炎的辅助治疗。因葡醛内酯进入机体后可与含有羟基或羧基的有毒物质结合,形成低毒或无毒结合物,由尿排出,从而起到解毒和保肝作用。

2. 成苷反应　单糖环状结构中的半缩醛羟基比较活泼,在酸的催化下,半缩醛羟基可与含羟基的化合物如醇或酚脱水生成缩醛类化合物,称为**苷**。

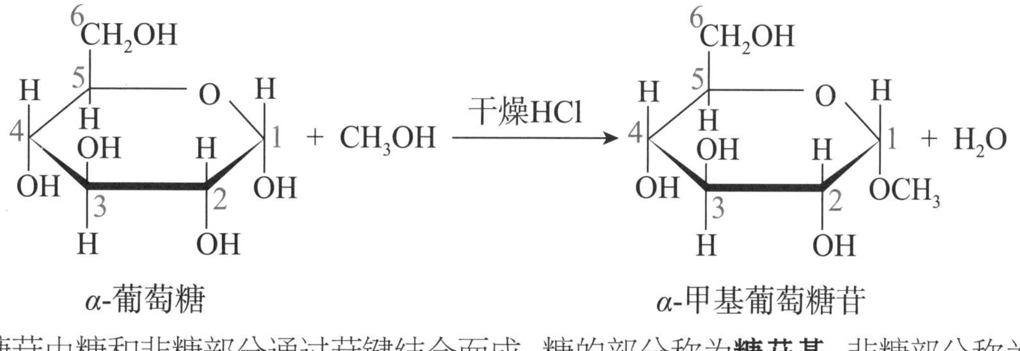

$$\alpha\text{-葡萄糖} + CH_3OH \xrightarrow{\text{干燥HCl}} \alpha\text{-甲基葡萄糖苷} + H_2O$$

糖苷由糖和非糖部分通过苷键结合而成,糖的部分称为**糖苷基**,非糖部分称为**苷元**或**配糖基**。连接糖苷基和配糖基的键称为**糖苷键**。大多数天然糖苷中的配糖基为醇类或酚类,它们与糖苷基之间是由氧连接的,通过**氧原子**把糖苷基和配糖基连结起来的键称为**氧苷键**。糖苷无还原性。糖苷广泛存在于自然界,是某些中草药的有效成分。如杏仁中的苦杏仁苷有镇咳作用;从洋地黄中分离的去乙酰毛花苷是速效强心药,能加强心肌收缩,减慢心率与传导,作用快而蓄积性小。

3. 成酯反应　单糖分子中的半缩醛羟基和醇羟基均能在酶催化下与酸作用生成酯。人体内糖代谢的重要中间产物之一有葡萄糖的磷酸酯。例如:

α-葡萄糖　　　　　　磷酸　　　　　　　α-葡萄糖-1-磷酸酯

α-葡萄糖　　　　　　磷酸　　　　　　　α-葡萄糖-6-磷酸酯

α-葡萄糖　　　　　　磷酸　　　　　　　α-葡萄糖-1,6-二磷酸酯

　　糖在代谢中首先要经过磷酸化，然后才能进行一系列化学反应。因此，糖的成酯反应是糖代谢的重要中间步骤。

　知识拓展

血糖测定——己糖激酶法

　　临床上可采用己糖激酶法定量测定血液中葡萄糖的浓度。原理：在己糖激酶催化下，葡萄糖和三磷酸腺苷（ATP）发生磷酸化反应，生成葡萄糖-6-磷酸酯和二磷酸腺苷（ADP）。葡萄糖-6-磷酸酯在葡萄糖-6-磷酸脱氢酶催化下脱氢，生成6-磷酸葡萄糖酸，同时 $NADP^+$ 被还原为 NADPH。

$$\text{葡萄糖} + \text{ATP} \xrightarrow[\text{Mg}^{2+}]{\text{己糖激酶}} \text{葡萄糖-6-磷酸酯} + \text{ADP}$$

$$\text{葡萄糖-6-磷酸酯} + \text{NADP}^+ \xrightarrow{\text{葡萄糖-6-磷酸脱氢酶}} \text{6-磷酸葡萄糖酸} + \text{NADPH+H}^+$$

根据反应方程式，NADPH 的生成速度与葡萄糖浓度成正比。NADPH 在波长 340nm 有吸收峰，连续监测吸光度升高速度，计算血清中葡萄糖浓度。

4. 颜色反应

（1）莫立许反应：在糖的水溶液中加入 α- 萘酚的乙醇溶液，然后沿管壁慢慢加入浓硫酸，不要振荡。在浓硫酸和糖溶液的交界面很快出现紫色环，这就是莫立许反应。

糖都能发生此反应，而且反应很灵敏，常用于糖类的鉴定。

（2）塞利凡诺夫反应：塞利凡诺夫试剂是间苯二酚的盐酸溶液。在酮糖（游离的酮糖或双糖分子中的酮糖，如果糖或蔗糖）溶液中，加入塞利凡诺夫试剂，加热，很快出现鲜红色。在相同条件下，醛糖缓慢出现淡红色，用以鉴别酮糖和醛糖。

 学与练

用化学方法鉴别下列各组化合物
（1）葡萄糖和果糖　　　　　　　　（2）葡萄糖和甲醛

三、常见的单糖

（一）葡萄糖

葡萄糖是无色结晶，易溶于水，难溶于乙醇，有甜味，自然界分布很广，且是最为重要的一种单糖，是植物光合作用的产物，因在葡萄中含量丰富，所以称为葡萄糖；是组成蔗糖、麦芽糖等双糖及淀粉、糖原、纤维素等多糖的基本单元；用于复合词中，可简称为"葡糖"。如葡糖氧化酶、葡糖胺、N- 乙酰氨基葡糖等。

人体血液中游离的葡萄糖称为**血糖**，是人体所需能量的主要来源，中枢神经系统所需能量绝大部分依赖血糖提供。正常人空腹血糖浓度为 3.9～6.1mmol/L。葡萄糖适用于补充高热、昏迷或衰弱、不能进食等病人所需的能量和体液，各种原因引起的低血糖症和高钾血症。葡萄糖高渗溶液可用作组织脱水剂。

（二）果糖

纯净的果糖为白色晶体或结晶性粉末，易溶于水，可溶于乙醇。果糖是自然界中最甜的单糖，以游离状态大量存在于水果的浆汁和蜂蜜中，和葡萄糖结合构成日常食用的蔗糖。果糖也是菊科植物根部所含多糖——菊糖（又称为菊粉）的组成成分。

人体内果糖也能与磷酸形成酯,果糖 -6- 磷酸酯和果糖 -1,6- 二磷酸酯是体内糖代谢的中间产物,在糖代谢过程中有着重要作用。果糖注射液是一种能量和体液补充剂。果糖比葡萄糖更易形成糖原。果糖代谢不依靠胰岛素,升糖指数低,但其在肝内可通过果糖激酶代谢,易产生乳酸;不当使用可引起危及生命的乳酸性酸中毒;遗传性果糖不耐受症病人使用可能有致命的危险。

(三)核糖和脱氧核糖

核糖和脱氧核糖是生物体内重要的戊醛糖,均为结晶固体。核糖和脱氧核糖常与磷酸和含氮有机碱结合而存在于核蛋白中,是组成核糖核酸(RNA)和脱氧核糖核酸(DNA)的重要成分,与生命现象有着密切联系。

(四)半乳糖

半乳糖的分子式为 $C_6H_{12}O_6$,无色结晶,能溶于水和乙醇,是己醛糖,与葡萄糖、果糖互为同分异构体。半乳糖与葡萄糖以氧苷键结合成乳糖存在于哺乳动物的乳汁中。奶和奶制品含有的乳糖是饮食中半乳糖的主要来源。半乳糖是乳糖、琼脂、树胶等的组成成分。半乳糖通过转化为葡萄糖 -1- 磷酸酯为细胞代谢提供能量,体内某些酶的缺失可引起血液中半乳糖水平升高,即半乳糖血症。脑髓中有一些结构复杂的脑苷酯,也含有半乳糖。半乳糖通常以吡喃型环状结构存在,也有 α 和 β 两种构型。其哈沃斯投影式为:

α-半乳糖　　　　　　　　　　β-半乳糖

(五)氨基糖

单糖分子中的羟基被氨基取代则成为氨基糖。氨基糖能以结合状态存在于体内黏多糖中。例如:

α-氨基葡萄糖　　　　　　　　β-氨基半乳糖

氨基糖苷类抗生素是在分子中含有 1 个或多个氨基糖分子的广谱抗生素,常见如链霉素、庆大霉素、卡那霉素等。氨基糖苷类抗生素能干扰细菌蛋白质的合成,主要不良反应是肾毒性和耳毒性。

 学与练

　　将 α-果糖、α-核糖、α-脱氧核糖、α-半乳糖、α-氨基葡萄糖的结构与 α-葡萄糖的结构进行比较，找出相同点和不同点。

第二节　双　糖

　　双糖是重要的低聚糖，由 2 分子单糖脱水缩合而成。常见的有蔗糖、麦芽糖、乳糖，三者分子式均为 $C_{12}H_{22}O_{11}$，它们互为**同分异构体**。

一、还原性双糖

（一）麦芽糖
　　麦芽糖是白色晶体，易溶于水，甜味不如蔗糖。

　　麦芽糖主要存在于发芽的谷粒，特别是麦芽中，饴糖就是麦芽糖的粗制品。麦芽糖一般是在淀粉酶的作用下，由淀粉水解得到，是淀粉在消化过程中的 1 个中间产物。

　　1. 麦芽糖的结构　从结构上看，麦芽糖可以看作是 1 分子 α-葡萄糖的苷羟基与 1 分子 α-葡萄糖 C_4 上的醇羟基之间脱水缩合而成的糖苷。其结构式为：

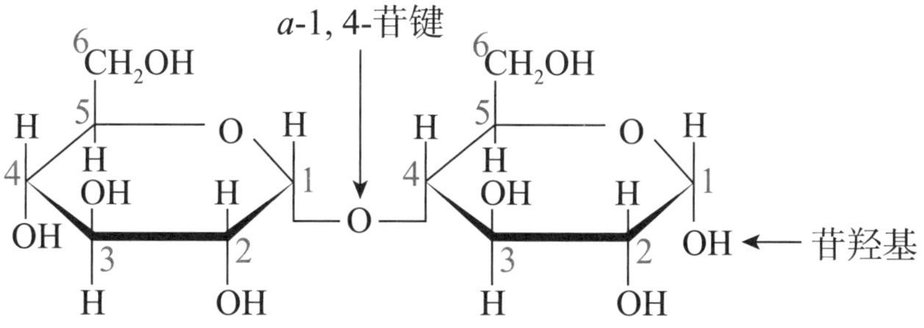

$$a\text{-}1,4\text{-苷键}$$

α-葡萄糖单元　　　　　α-葡萄糖单元

苷羟基

　　2. 麦芽糖的主要化学性质

　　（1）还原性：由于麦芽糖分子中仍有 1 个自由的苷羟基，因此具有还原性，能与托伦试剂、本尼迪克特试剂作用，是还原糖，并可以发生成苷反应和成酯反应。

　　（2）水解反应：在酸或酶的作用下，麦芽糖水解成 2 分子 α-葡萄糖。

$$C_{12}H_{22}O_{11} + H_2O \xrightarrow{\text{H}^+\text{或酶}} C_6H_{12}O_6 + C_6H_{12}O_6$$

麦芽糖　　　　　　　　α-葡萄糖　α-葡萄糖

（二）乳糖

乳糖在自然界中存在于哺乳动物乳汁中而得名，是婴儿食用的主要糖类。易溶于水，味不甚甜。

1. 乳糖的结构　乳糖由 1 分子 β- 半乳糖与 1 分子 α- 葡萄糖以 β-1，4- 苷键结合而成。其结构式为：

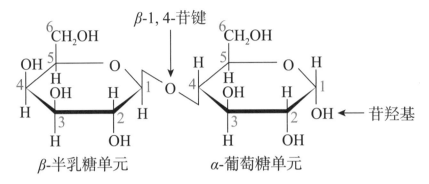

2. 乳糖的主要化学性质

（1）还原性：由于乳糖分子中仍有 1 个苷羟基，因此具有还原性，能与托伦试剂、本尼迪克特试剂等弱氧化剂作用，是还原糖，并可以发生成苷反应和成酯反应。

（2）水解反应：在酸或酶的作用下，乳糖水解成 1 分子 β- 半乳糖与 1 分子 α- 葡萄糖。

$$C_{12}H_{22}O_{11} + H_2O \xrightarrow{H^+或酶} C_6H_{12}O_6 + C_6H_{12}O_6$$
乳糖　　　　　　　　　　　　　β-半乳糖　α-葡萄糖

二、非还原性双糖

蔗糖是自然界分布很广的双糖，在甘蔗和甜菜中含量较高。纯净的蔗糖是白色晶体，易溶于水，甜味高于葡萄糖，仅次于果糖。平时食用的食品调味剂红糖、白糖的主要成分都是蔗糖，医药上常用其来制造糖浆，也可以用作药物的防腐剂。

（一）蔗糖的结构

蔗糖可以看作是由 1 分子 α- 葡萄糖中的 C_1 半缩醛羟基和 β- 呋喃果糖的 C_2 半缩酮羟基脱水，以 α-1，2- 苷键结合而成的。其结构式为：

（二）蔗糖的主要化学性质

1. 非还原性　由于蔗糖分子中已没有自由的苷羟基，因此蔗糖没有还原性，是非还原糖，不能与托伦试剂、本尼迪克特试剂等作用，也不能发生成苷反应。

2. 水解反应　蔗糖在酸或酶的作用下，水解生成 1 分子 α-葡萄糖和 1 分子 β-呋喃果糖。

$$C_{12}H_{22}O_{11} + H_2O \xrightarrow{\text{H}^+\text{或酶}} C_6H_{12}O_6 + C_6H_{12}O_6$$
　　　　蔗糖　　　　　　　　　　　　　　α-葡萄糖　β-呋喃果糖

蔗糖较其他双糖易水解，水解生成等物质的量的葡萄糖和果糖的混合物，这种混合物称为转化糖，比蔗糖更甜。

 学与练

怎样用化学方法鉴别还原性双糖和非还原性双糖？

第三节　多　　糖

多糖是一类天然高分子化合物，是由 10 个以上单糖通过糖苷键连接而成的线性或分支的聚合物，通常聚合单位在 100 个以上，多则高达数千个，包括糖原、淀粉、氨基聚糖（如透明质酸）和纤维素，是生物体的重要组成成分。

多糖一般为无定形粉末，无一定熔点，没有还原性，也没有甜味，不形成结晶，大多数多糖难溶于水。个别多糖能与水形成胶体溶液。水解的最终产物为单糖，可用通式 $(C_5H_{10}O_5)_n$ 表示。

一、淀　　粉

淀粉是绿色植物进行光合作用的产物，是植物储存营养物质的一种形式，大量存在于植物的种子和块茎等部位。

天然淀粉由直链淀粉和支链淀粉组成，其中直链淀粉占 20%～30%。直链淀粉又称为可溶性淀粉，溶于热水呈胶体溶液，通常由 200～300 个葡萄糖残基组成，是一种没有分支的、呈长线状链的多糖；直链淀粉比支链淀粉容易消化。如以小圈表示葡萄糖单元，则直链淀粉结构示意图见图 10-1。

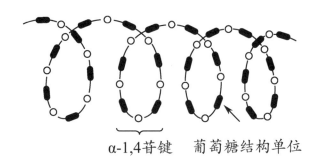

α-1,4苷键　　葡萄糖结构单位

图 10-1　直链淀粉结构示意图

支链淀粉是一种具有多支链结构的淀粉,分子很大,可含数千个葡萄糖残基。其结构示意图见图 10-2。

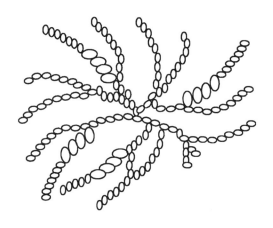

图 10-2　支链淀粉结构示意图

直链淀粉遇碘时,显深蓝色;支链淀粉的平均相对分子质量比直链淀粉大,不溶于水,在热水中则溶胀呈糊状,遇碘呈紫红色。通常淀粉是直链淀粉和支链淀粉的混合物,故碘遇淀粉显蓝紫色。

淀粉在酸或酶作用下水解,先生成糊精,继续水解得到麦芽糖,水解的最终产物是葡萄糖。

$$(C_6H_{10}O_5)_n \longrightarrow (C_6H_{10}O_5)_m \longrightarrow C_{12}H_{22}O_{11} \longrightarrow C_6H_{12}O_6$$

淀粉　　　　　　　糊精　　　　　　麦芽糖　　　　　葡萄糖

二、糖　原

糖原是由葡萄糖通过糖苷键连接而成的支链多糖,是动物体内糖的贮存形式。

糖原是无定形粉末,不溶于冷水,可溶于热水成透明胶体溶液,遇碘显红棕色。糖原的分子结构与支链淀粉相似,但分支比支链淀粉更多更短,其结构示意图为:

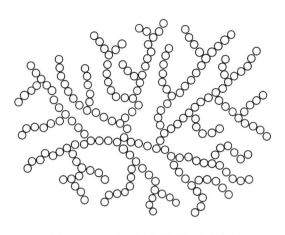

图 10-3　糖原的结构示意图

　　糖原主要存在于肌肉和肝中,分别称为肌糖原和肝糖原,在人体代谢中对维持血糖浓度起着重要的作用。当血糖浓度升高时,多余的葡萄糖在肝和肌肉中合成糖原储存起来;当血液中的葡萄糖浓度降低时,肝糖原就分解为葡萄糖而进入血液,以保持血糖浓度相对稳定。肌糖原主要供肌肉收缩时能量的需要。

三、纤　维　素

　　纤维素是由葡萄糖单元连接的长链所组成的多糖,是构成植物细胞壁的主要成分。棉、麻及木材等的主要成分是纤维素。纤维素长链之间绞成绳索状,见图10-4。

图 10-4　绳索状纤维束结构示意图

　　纤维素为白色固体,一般不溶于水、稀酸、稀碱和有机溶剂,韧性很强。纤维素性质稳定,只有在强酸、强碱、高温、高压或纤维素水解酶存在下才能水解,水解的最终产物是 β- 葡萄糖。食草动物如牛、马、羊等胃中能分泌纤维素水解酶,能将纤维素水解成葡萄糖,所以纤维素可作为食草动物的饲料。人体不能分泌纤维素水解酶,因此纤维素不能被人体消化吸收,不可直接作为人体的营养物质。但纤维素有刺激胃肠蠕动、防止便秘、降低血清胆固醇等作用,所以多吃蔬菜、水果以摄入一定的纤维素对人体健康有重要意义。

四、黏　多　糖

　　黏多糖是由双糖的重复单位组成,双糖单位中通常一个是氨基糖,另一个常常是糖醛酸，并且糖基的羟基常常被硫酸酯化。黏多糖可分为硫酸软骨素、硫酸皮肤素、硫酸角质素、透明质酸、肝素及硫酸乙酰肝素等类别。

黏多糖存在于结缔组织中，是腺体分泌的黏液的组成成分；与蛋白质结合的透明质酸存在于眼球玻璃体、角膜及脐带中；与水形成黏稠凝胶，有润滑和保护细胞的作用。

肝素是动物体内的天然抗凝血物质，其结构较为复杂；可用作输血时血液抗凝药物，也可用于防止血栓形成。

五、右旋糖酐

右旋糖酐是一种人工合成的葡萄糖聚合物，根据其平均相对分子质量的不同分为中分子糖酐、低分子糖酐和小分子糖酐。

右旋糖酐在临床上作为血浆代用品。低分子和小分子右旋糖酐可用于抢救由于失血、创伤、烧伤等各种原因引起的休克和中毒性休克，可早期预防因休克引起的弥散性血管内凝血；也用于血栓性疾病的治疗及预防手术后静脉血栓形成等。

右旋糖酐在体内可以因水解产生葡萄糖而具有营养作用。

章末小结

分类	水解情况	结构	性质	常见的糖
单糖	不能水解	多羟基醛或多羟基酮	氧化反应 成酯反应 成苷反应	葡萄糖 果糖 核糖 脱氧核糖
低聚糖	能水解2~10个单糖分子	单糖脱水缩合而成的糖苷	是否具有还原性 水解反应	麦芽糖 乳糖 蔗糖
多糖	能水解＞10个单糖分子	单糖通过糖苷键连接而成的线性或分支的聚合物	非还原性 颜色反应 水解反应	淀粉 糖原 纤维素

（姜风华）

❓ 思考与练习

一、填空题

1. 根据水解情况,糖类可分为 _____ 糖、_____ 糖和 _____ 糖。

2. 血液中游离的 _____ 称为血糖,正常人血糖的浓度为 _____ mmol/L。

3. 临床上常用的尿糖试纸是由 _____ 试剂制作而成的。

4. 糖苷由 _____ 基和 _____ 基两部分组成。

5. 多糖没有甜味,大多 _____ 溶于水,淀粉遇碘变 _____ 色,淀粉水解的最终产物是 _____。

6. 天然淀粉由 _____ 淀粉和 _____ 淀粉组成;其中可溶于热水的淀粉为 _____ 淀粉,较难消化的淀粉为 _____ 淀粉。

二、简答题

1. 在以淀粉为原料生产葡萄糖的水解过程中,用什么方法来检验淀粉已完全水解?

2. 没有成熟的苹果肉遇碘显蓝色,成熟的苹果汁能还原托伦试剂。怎样解释这两种现象?

3. 用化学方法鉴别下列化合物

(1)果糖和蔗糖

(2)葡萄糖、蔗糖和淀粉

第十一章 | 氨基酸和蛋白质

学习目标

1. 具有现象观察与规律认知等化学学科核心素养，以及精益求精的工匠精神。
2. 掌握氨基酸的结构、分类和命名；氨基酸的性质和蛋白质的性质。
3. 熟悉蛋白质的组成和结构。
4. 了解氨基酸的物理性质。
5. 学会利用氨基酸和蛋白质性质进行鉴定和检验物质的成分。

导入案例

水银体温计是一种常用体温计，但使用时存在安全隐患。水银又称为汞，在室温下呈液态，易挥发成气态由呼吸道进入人体引起中毒。汞也会通过误食或者接触皮肤等方式进入人体引发中毒。遇误服汞的紧急情况时，可先让病人服用大量的牛奶或鸡蛋清，然后尽快到医院治疗。

请思考：

1. 汞为什么会引起人体中毒？
2. 急救汞中毒的病人时，为什么可先服用牛奶或鸡蛋清？

第一节 氨 基 酸

一、氨基酸的结构、分类和命名

（一）结构

氨基酸可以看作是羧酸分子中烃基上的氢原子被氨基（—NH_2）取代后生成的化合物。从结构上看，羧基（—COOH）和氨基（—NH_2）是氨基酸的官能团，根据氨基和羧基的相对位置，可以分为 α- 氨基酸、β- 氨基酸、γ- 氨基酸。组成蛋白质的氨基酸主要是 α- 氨基酸，结构通式为：

$$R \longrightarrow \overset{\alpha}{CH} \longrightarrow \boxed{COOH} \longleftarrow 羧基$$
$$\underset{\boxed{NH_2}}{|} \longleftarrow 氨基$$

（二）分类

1. 根据分子中烃基的不同，氨基酸可分为脂肪族氨基酸、芳香族氨基酸和杂环氨基酸。

$$CH_3 \longrightarrow CH \longrightarrow CH \longrightarrow COOH$$
$$\underset{CH_3}{|} \quad \underset{NH_2}{|}$$

缬氨酸
（脂肪族氨基酸）

苯丙氨酸
（芳香族氨基酸）

脯氨酸
（杂环氨基酸）

2. 根据所含氨基与羧基的相对数目，氨基酸可分为中性氨基酸（分子中氨基数目等于羧基数目）、酸性氨基酸（分子中氨基数目小于羧基数目）和碱性氨基酸（分子中氨基数目大于羧基数目）。

$$CH_3 \longrightarrow CH \longrightarrow COOH$$
$$\underset{NH_2}{|}$$

丙氨酸
（中性氨基酸）

$$HOOC \longrightarrow CH_2 \longrightarrow CH_2 \longrightarrow CH \longrightarrow COOH$$
$$\underset{NH_2}{|}$$

谷氨酸
（酸性氨基酸）

$$H_2N \longrightarrow C \longrightarrow NH \longrightarrow (CH_2)_3 \longrightarrow CH \longrightarrow COOH$$
$$\underset{NH}{\parallel} \qquad\qquad\qquad \underset{NH_2}{|}$$

精氨酸
（碱性氨基酸）

（三）命名

氨基酸的系统命名与羟基酸类似，以羧酸为母体，把氨基作为取代基来命名，即从羧基碳原子开始编号，以阿拉伯数字或希腊字母表示取代基位次。但氨基酸常根据其来源或性质命名，如天冬氨酸因最初从天门冬植物中发现而得名，甘氨酸因具有甜味得名。

$$HOOC \longrightarrow CH_2 \longrightarrow CH \longrightarrow COOH$$
$$\underset{NH_2}{|}$$

天冬氨酸
（α-氨基丁二酸）

$$CH_2 \longrightarrow COOH$$
$$\underset{NH_2}{|}$$

甘氨酸
（α-氨基乙酸）

目前自然界中存在的氨基酸约有 300 余种，但构成人体蛋白质的氨基酸只有 20 种。其分类、名称、结构简式、英文缩写和等电点，见表 11-1。

表 11-1　组成人体蛋白质的 20 种氨基酸

名称	结构简式	英文缩写	等电点
中性氨基酸			
甘氨酸	CH_2—COOH ｜ NH_2	Gly（G）	5.97
丙氨酸	CH_3—CH—COOH ｜ NH_2	Ala（A）	6.00
缬氨酸*	CH_3—CH—CH—COOH ｜　　｜ CH_3　NH_2	Val（V）	5.96
亮氨酸*	CH_3—CH—CH_2—CH—COOH ｜　　　　　｜ CH_3　　　NH_2	Leu（L）	5.98
异亮氨酸*	CH_3—CH_2—CH—CH—COOH ｜　　｜ CH_3　NH_2	Ile（I）	6.02
苏氨酸*	CH_3—CH—CH—COOH ｜　　｜ OH　NH_2	Thr（T）	5.60
甲硫氨酸（蛋氨酸）*	CH_3—S—CH_2—CH_2—CH—COOH ｜ NH_2	Met（M）	5.74
丝氨酸	CH_2—CH—COOH ｜　　｜ OH　NH_2	Ser（S）	5.68
半胱氨酸	CH_2—CH—COOH ｜　　｜ SH　NH_2	Cys（C）	5.07
天冬酰胺	H_2N—C—CH_2—CH—COOH ‖　　　　｜ O　　　　NH_2	Asn（N）	5.41
谷氨酰胺	H_2N—C—CH_2—CH_2—CH—COOH ‖　　　　　　｜ O　　　　　　NH_2	Gln（Q）	5.65

150

名称	结构简式	英文缩写	等电点
苯丙氨酸[*]	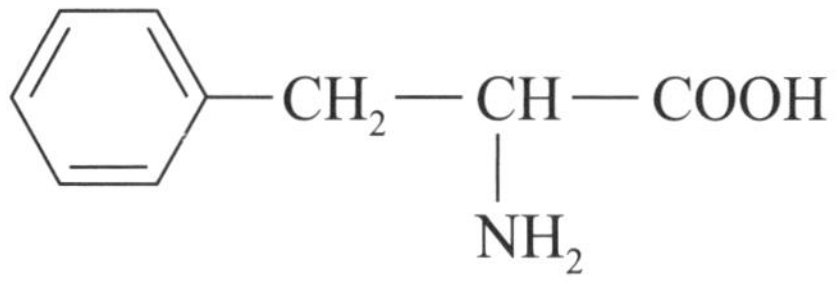	Phe（F）	5.48
酪氨酸	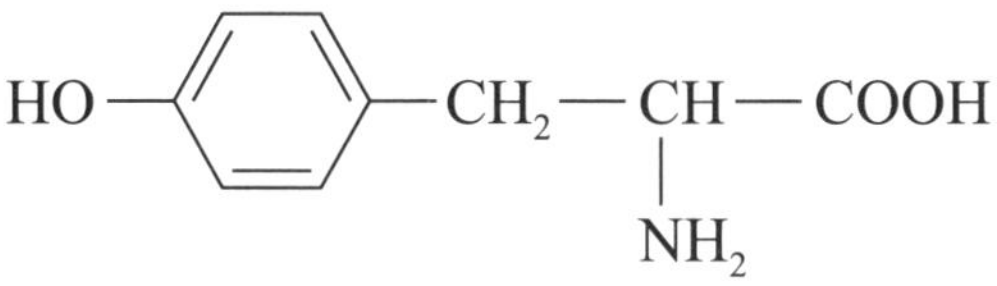	Tyr（Y）	5.66
色氨酸[*]	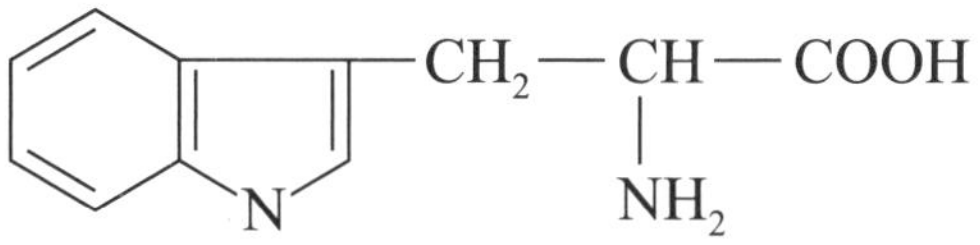	Trp（W）	5.89
脯氨酸	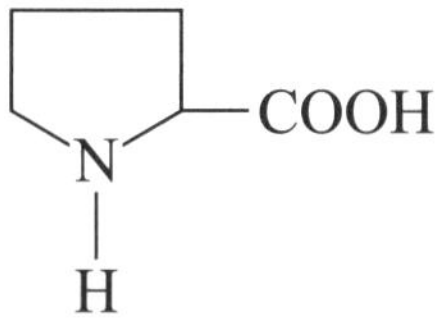	Pro（P）	6.30
酸性氨基酸			
天冬氨酸	$HOOC-CH_2-\underset{\underset{NH_2}{\mid}}{CH}-COOH$	Asp（D）	2.77
谷氨酸	$HOOC-CH_2-CH_2-\underset{\underset{NH_2}{\mid}}{CH}-COOH$	Glu（E）	3.22
碱性氨基酸			
组氨酸	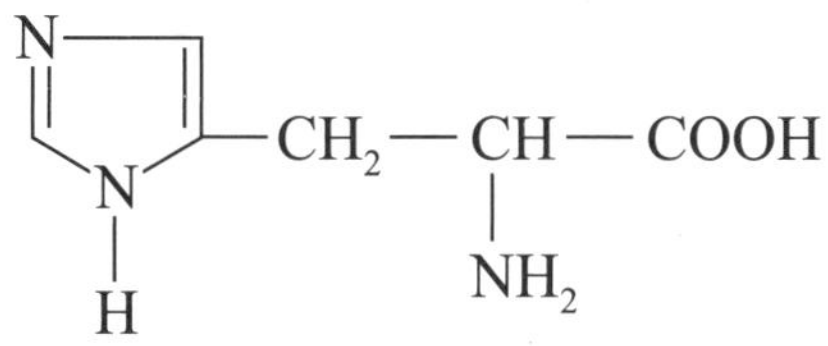	His（H）	7.59
精氨酸	$H_2N-\underset{\underset{NH}{\parallel}}{C}-NH-(CH_2)_3-\underset{\underset{NH_2}{\mid}}{CH}-COOH$	Arg（R）	10.76
赖氨酸[*]	$\underset{\underset{NH_2}{\mid}}{CH_2}-(CH_2)_3-\underset{\underset{NH_2}{\mid}}{CH}-COOH$	Lys（K）	9.74

注：[*]为必需氨基酸。

有些氨基酸人体不能自行合成或合成速度不能满足机体需要，必须从外界摄取以满足营养需要，这类氨基酸称为必需氨基酸，主要有 8 种（即表 11-1 中标有 * 者）。此外，婴幼儿组氨酸和精氨酸因在体内合成不足，也需依赖食物补充一部分。早产儿还需补充色氨酸和半胱氨酸。

 学与练

哪种必需氨基酸是碱性氨基酸？哪种必需氨基酸是芳香族氨基酸？

二、氨基酸的性质

（一）氨基酸的物理性质

氨基酸均为无色的晶体，熔点较高，一般在 200～300℃，熔化时易脱羧生成二氧化碳。大多数氨基酸易溶于水，可溶于强酸或强碱，难溶于乙醇、乙醚等有机溶剂。有的氨基酸无味，有的具有甜味或苦味，谷氨酸的钠盐有鲜味，是调味品味精的主要成分。

 科学史话

味　精

味精主要成分为谷氨酸单钠盐，由糖质或淀粉原料经微生物发酵、提纯、精制而制得。成品为白色柱状结晶体或结晶性粉末，是广泛使用的增鲜调味品之一。20 世纪 20 年代初，国外味精长期占据我国市场，我国不懂生产味精的技术。我国近代化工专家、化工实业家吴蕴初经过多年努力，成功研制出高质量、低成本的味精。1923 年，吴蕴初建成我国第一家国产味精厂，产品远销海外。同时，他创办氯碱厂、耐酸陶器厂和生产合成氨与硝酸的工厂，为我国化学工业的兴起和发展作出卓越贡献。

（二）氨基酸的化学性质

氨基酸分子中既含有氨基又含有羧基，因此氨基酸具有氨基和羧基的典型性质，氨基和羧基在分子内相互作用，又表现出一些特殊性质。

1. 两性和等电点　氨基酸既能和酸反应生成铵盐，也能和碱反应生成羧酸盐，是两性化合物。

与酸反应：
$$R\!-\!\underset{\underset{NH_2}{|}}{CH}\!-\!COOH + H^+ \rightleftharpoons R\!-\!\underset{\underset{NH_3^+}{|}}{CH}\!-\!COOH$$

与碱反应：
$$R\!-\!\underset{\underset{NH_2}{|}}{CH}\!-\!COOH + OH^- \rightleftharpoons R\!-\!\underset{\underset{NH_2}{|}}{CH}\!-\!COO^- + H_2O$$

在水溶液中氨基酸分子中羧基可以进行酸式解离，氨基可以进行碱式解离。

酸式解离：
$$R-CH-COOH \rightleftharpoons R-CH-COO^- + H^+$$
（NH$_2$） （NH$_2$）

碱式解离：
$$R-CH-COOH + H_2O \rightleftharpoons R-CH-COOH + OH^-$$
（NH$_2$） （NH$_3^+$）

同一个氨基酸分子内的氨基和羧基也可以相互作用，生成内盐。内盐中同时含有阳离子和阴离子，故又称为两性离子或偶极离子。

$$R-CH-COOH \rightleftharpoons R-CH-COO^-$$
（NH$_2$） （NH$_3^+$）

两性离子（偶极离子）

氨基酸在水溶液中以两性离子、阴离子、阳离子三种形式的平衡态存在，其主要存在形式除由氨基酸本身的结构决定外，还取决于溶液的 pH。当调整某一种氨基酸溶液的 pH，使该氨基酸解离成阳离子和阴离子的趋势相等，以两性离子形式存在，所带净电荷为零，呈电中性，此时溶液的 pH 称为该**氨基酸的等电点**，用 pI 表示。当溶液的 pH＞pI 时，氨基酸以阴离子形式存在，氨基酸带负电荷，当溶液的 pH＜pI 时，氨基酸以阳离子形式存在，氨基酸带正电荷，当溶液的 pH＝pI 时，氨基酸以两性离子形式存在。

$$R-CH-COOH$$
（NH$_2$）

$$R-CH-COO^- \underset{OH^-}{\overset{H^+}{\rightleftharpoons}} R-CH-COO^- \underset{OH^-}{\overset{H^+}{\rightleftharpoons}} R-CH-COOH$$

（NH$_2$） （NH$_3^+$） （NH$_3^+$）

pH＞pI　　　　　　pH＝pI　　　　　　pH＜pI
阴离子　　　　　　两性离子　　　　　　阳离子

氨基酸的等电点是氨基酸的特征常数，不同的氨基酸具有不同的等电点（表 11-1）。酸性氨基酸的等电点小于 7，一般为 2.7～3.2；碱性氨基酸的等电点大于 7，一般为 7.6～10.8；中性氨基酸的等电点一般为 5.0～6.3（由于羧基解离程度大于氨基解离程度，必须加入适量的酸来抑制羧基解离，所以中性氨基酸的等电点小于 7。）。当氨基酸处于等电点时溶解度最低而易于析出，利用此性质可进一步分离、提纯氨基酸。

带电颗粒在电场中总是向其电荷相反的电极移动，这种现象称为**电泳**。由于各种氨基酸的相对分子质量和等电点不同，在一定 pH 的溶液中，不同氨基酸不仅带电荷情况有所差异，而且在电场中电泳的方向和速度也往往不同。利用这一特性，可将混合氨基酸通过电泳法分离和纯化。

异亮氨酸（pI=6.02）在 pH=5 的溶液中以什么形式存在？

2. 成肽反应　一个氨基酸的 α- 羧基和另一个氨基酸的 α- 氨基之间脱水缩合生成具有酰胺键结构的化合物，这个具有酰胺键结构的化合物称为**肽**，此反应称为**成肽反应**。

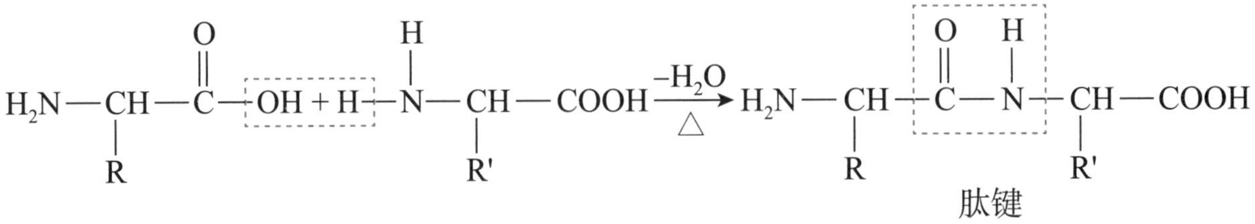

肽分子中的酰胺键称为**肽键**，2 个氨基酸分子脱水缩合生成的肽称为**二肽**。二肽中还存在游离的氨基和羧基，还可以与其他氨基酸进一步脱水缩合生成三肽、四肽、五肽……由多个氨基酸分子间脱水缩合生成的肽称为**多肽**。例如：

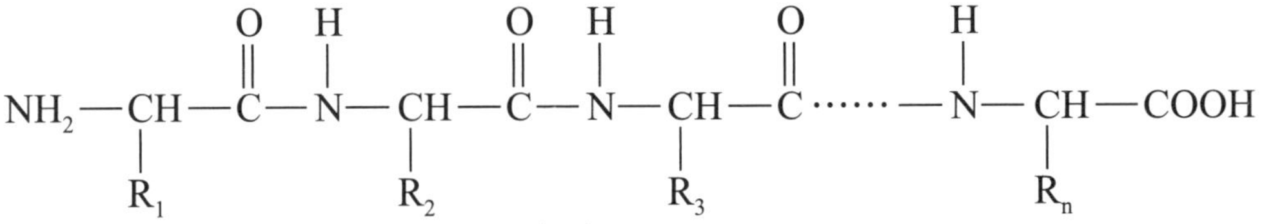

多肽

约 100 个以上氨基酸形成，相对分子质量大于 10 000，并具有一定空间结构的多肽称为蛋白质。多肽和蛋白质之间没有明显界限。在肽链中，通常把保留羧基的一端称为 C- 端，保留氨基的一端称为 N- 端。书写时，习惯将 C- 端写在右边，N- 端写在左边。

 知识链接

活 性 肽

活性肽是对生物机体的生命活动有益或是具有生理作用的肽类化合物，是介于氨基酸与蛋白质之间的分子聚合物，小至由 2 个氨基酸组成，大至由数十个氨基酸通过肽键连接而成。如谷胱甘肽是由谷氨酸、半胱氨酸及甘氨酸组成的三肽，具有清除自由基、抗氧化、解毒、机体免疫、物质运输等重要生理功能；催产素是由 9 个氨基酸组成的多肽类激素，具有促进子宫平滑肌的收缩，刺激乳腺分泌乳汁的功能。

3. 与亚硝酸反应　氨基酸分子中的氨基具有伯胺的性质，与亚硝酸反应放出氮气生成 α- 羟基酸。脯氨酸的亚氨基不能与亚硝酸反应放出氮气。

$$R\text{—}CH\text{—}COOH + HNO_2 \longrightarrow R\text{—}CH\text{—}COOH + N_2\uparrow + H_2O$$

$|$ $|$
NH_2 OH

由于可定量释放出 N_2，故此反应可用于氨基酸、蛋白质的定量分析。此方法称为范氏氨基氮测定法。

4. 与茚三酮反应　α- 氨基酸与水合茚三酮共热时能生成蓝紫色的化合物。含亚氨基的氨基酸如脯氨酸与茚三酮反应生成黄色物质。此反应十分灵敏简便，可用于 α- 氨基酸的鉴别，在法医学上被用于指纹鉴定。

第二节　蛋　白　质

蛋白质是多种氨基酸按照不同排列顺序，通过肽键组成的多肽链经过盘曲折叠形成的具有一定空间结构的生物大分子物质。蛋白质是生命的物质基础。

一、蛋白质的组成

蛋白质主要由碳、氢、氧、氮四种元素组成，多数蛋白质还含有硫元素，一些蛋白质还含有磷、铁、碘、锰、锌等元素。经实验测定：大多数蛋白质含氮量很接近，平均约为l6%。即生物组织中每 1g 氮大约相当于含有 6.25g 蛋白质。6.25 称为**蛋白质系数**。化学分析时，只要测出生物样品中的含氮量，就可推算样品中蛋白质的大致含量。

样品中蛋白质大致含量＝样品含氮的克数 ×6.25

 学与练

用化学方法测得某血清样品中含氮2.1mg，计算此样品中蛋白质的含量是多少？

二、蛋白质的结构

蛋白质的分子结构复杂，为了便于认识和研究，常将蛋白质的分子结构分为基本结构和空间结构。

（一）基本结构

蛋白质分子多肽链中 α- 氨基酸的排列顺序和连接方式为蛋白质的基本结构，也称为一级结构。肽键是构成蛋白质一级结构的主键。基本结构（一级结构）是空间结构的基础。人胰岛素的一级结构见图 11-1。

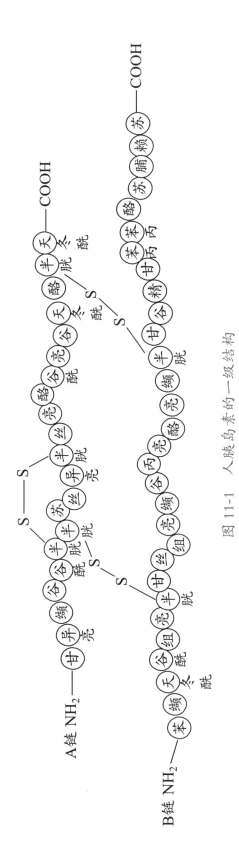

图 11-1　人胰岛素的一级结构

1955年英国桑格(S.Sanger)测定了牛胰岛素的全部氨基酸序列,开辟了人类认识蛋白质分子化学结构的道路。我国科学家于1965年人工合成了具有全部生物活力的结晶牛胰岛素。这是第一个在实验室中用人工方法合成的蛋白质,标志人类在认识生命、探索生命奥秘的征途上迈出的重要一步。

(二)空间结构

蛋白质的空间结构指多肽链在空间进一步卷曲折叠形成的构象,包括二级结构、三级结构和四级结构。

二级结构是多肽链中由于氢键而卷曲盘旋形成的 α- 螺旋、β- 折叠等空间构象,见图11-2。三级结构是在二级结构基础上多肽链进一步折叠、扭曲而成的更为复杂的空间构象,见图11-3。四级结构是两条或两条以上具有三级结构的多肽链(又称为亚基)以一定的形式聚合而成的缔合体,见图11-4。维系蛋白质空间结构的主要作用力有氢键、盐键、二硫键(—S—S—)、疏水键等,称为副键。蛋白质的空间结构是蛋白质具有生物活性的基础。

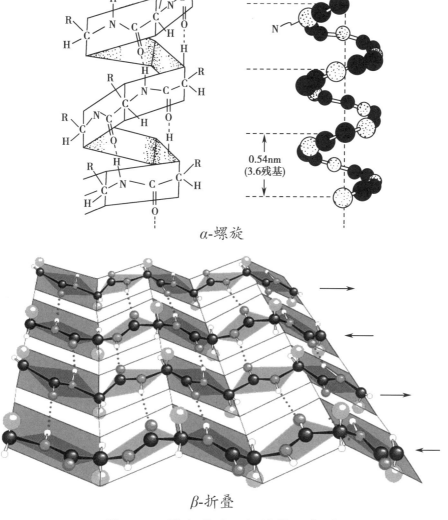

α-螺旋

0.54nm
(3.6残基)

β-折叠

图 11-2 蛋白质的二级结构示意图

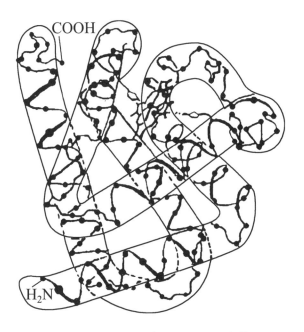

图 11-3　肌红蛋白的三级结构

图 11-4　血红蛋白的四级结构

 知识链接

烫发的化学原理

　　头发主要由角蛋白组成，其中含硫氨基酸形成的二硫键是维持头发弹性和形状的重要结构。烫发一般是先用具有还原性的化学药水使头发中的二硫键断裂，转变成 2 个巯基(—SH)。这时，头发的氨基酸链节便松动开来，用一定的工具就可将头发卷曲或拉直成一定的波形。然后再用具有氧化性的固定剂，使断开的二硫键重新结合，将发型固定下来。因此，频繁烫发会对头发造成不同程度的损害。

三、蛋白质的性质

蛋白质由氨基酸脱水缩合而成，因此，蛋白质的一些性质与氨基酸相似，如两性解离；同时由于蛋白质是高分子化合物，也有一些性质与氨基酸不同，如胶体性质、变性、盐析、水解等。

（一）两性和等电点

蛋白质与氨基酸一样是两性电解质，它们在溶液中的解离状态受溶液 pH 的影响。**当溶液处于某一 pH 时，蛋白质解离成阳离子和阴离子的趋势相等，即净电荷为零，呈两性离子状态，此时溶液的 pH 称为该蛋白质的等电点（pI）。**蛋白质分子的解离状态表示如下：

$$Pr\diagup\begin{matrix}COOH\\NH_2\end{matrix}$$

$$Pr\diagup\begin{matrix}COO^-\\NH_2\end{matrix} \underset{OH^-}{\overset{H^+}{\rightleftharpoons}} Pr\diagup\begin{matrix}COO^-\\NH_3^+\end{matrix} \underset{OH^-}{\overset{H^+}{\rightleftharpoons}} Pr\diagup\begin{matrix}COOH\\NH_3^+\end{matrix}$$

pH>pI	pH=pI	pH<pI
阴离子	两性离子	阳离子

大多数蛋白质的等电点在 5.0 左右，正常人体血液 pH 在 $7.35 \sim 7.45$，因此大多数蛋白质在血液中以阴离子形式存在，并与 K^+、Na^+、Ca^{2+}、Mg^{2+} 等阳离子结合成蛋白质盐。蛋白质盐与蛋白质分子组成血液缓冲对。

由于蛋白质具有两性和等电点的特性，它与氨基酸一样可通过电泳法分离和纯化。临床检验上常用此法来测定血清各种蛋白质的含量。

 学与练

血红蛋白的等电点 pI=6.8，试分析当溶液 pH=7.3 及 pH=5.3 时，血红蛋白分别带的净电荷种类。

（二）胶体性质

蛋白质是高分子化合物，其颗粒直径大小在胶体范围（$1 \sim 100nm$）内，因此蛋白质溶液具有胶体溶液的性质，如不能通过半透膜。蛋白质分子表面上有氨基、羧基等许多亲水基团,能形成比较牢固的水化膜;另外,蛋白质溶液不在等电点时,蛋白质带有同种电荷,相互排斥,不易聚集沉淀。即由于水化膜的存在和带有同种电荷这些方面的主要因素,可形成稳定的蛋白质溶液。

(三)盐析

蛋白质溶液中加入一定量的无机盐而使蛋白质沉淀析出的方法称为盐析。加入的无机盐结合水的能力大于蛋白质,因而破坏了蛋白质的水化膜,同时盐的离子又能中和蛋白质所带的电荷,使蛋白质失去稳定因素而聚集沉淀。

蛋白质盐析是可逆过程,盐析后的蛋白质分子结构基本无变化,故盐析后的蛋白质在适宜条件下仍可以重新溶解,并恢复蛋白质的生理活性。不同蛋白质盐析时所需盐的最低浓度不同,利用这个性质可以分离不同的蛋白质。

(四)变性

蛋白质在物理因素(如紫外线、X射线、超声波、加热和高压等)或化学因素(如强酸、强碱、强氧化剂、重金属盐、有机溶剂等)作用下,分子空间结构被破坏,理化性质和生物活性发生改变的现象称为蛋白质的变性。变性蛋白质的一级结构并不被破坏。

蛋白质变性以后,溶解度降低,容易沉淀析出。由于变性蛋白质容易被蛋白酶水解,因此食物煮熟后含的蛋白质较易被消化。具有生物活性的蛋白质(酶、激素、抗体等)变性后失去原有的活性。

蛋白质的变性原理已广泛应用于医学。如临床上用乙醇、高温、紫外线等方法消毒灭菌;低温、避光保存激素、疫苗、酶类、血清等蛋白质制剂,防止变性失活;用热凝法检验尿蛋白等。

(五)颜色反应

蛋白质分子能与某些试剂作用生成有颜色的物质,这些反应统称为蛋白质的颜色反应。

1. 缩二脲反应 蛋白质在强碱性溶液中与$CuSO_4$溶液作用,呈现紫色或紫红色,并且蛋白质含量越多,生成的颜色越深。医学上利用这个反应来测定血清蛋白质的总量及其中白蛋白和球蛋白的含量。

2. 黄蛋白反应 含有苯环氨基酸残基的蛋白质与浓硝酸作用显黄色。皮肤、指甲不慎沾上浓硝酸会出现黄色就是这个缘故。

3. 茚三酮反应 在蛋白质溶液中加入茚三酮溶液,加热后显蓝紫色。此反应可用于蛋白质的定性、定量测定。

(六)水解反应

蛋白质在酸、碱水溶液中加热或在酶的催化下,逐步水解成相对分子质量较小的化合物,最后生成组成蛋白质的基本结构单位——α-氨基酸。过程如下:

蛋白质 ⟶ 初解蛋白质 ⟶ 消化蛋白质 ⟶ 多肽 ⟶ 二肽 ⟶ α-氨基酸

食物中的蛋白质在人体内各种蛋白酶的作用下水解成各种氨基酸,氨基酸被肠壁吸收进入血液,再在体内重新合成人体所需要的蛋白质。

种类	项目	内容
氨基酸	结构	羧基和氨基是氨基酸的官能团
	分类	①根据分子中烃基种类；②根据氨基和羧基的相对数目，以羧酸为母体，把氨基作为取代基来命名
	命名	
	性质	①两性和等电点；②成肽反应；③与亚硝酸反应；④与茚三酮反应
蛋白质	组成	组成元素主要有碳、氢、氧、氮
		蛋白质系数是6.25
	结构	基本结构（一级结构）：多肽链中氨基酸的排列顺序
		空间结构：二级结构、三级结构和四级结构
	性质	①两性和等电点；②胶体性质；③盐析；④变性；⑤颜色反应；⑥水解反应

（孙　茹）

 思考与练习

一、填空题

1. 在氨基酸分子中，既含酸性的_____基，又含碱性的_____基，所以氨基酸是两性化合物。

2. 氨基酸根据氨基和羧基的相对数目分为_____、_____和_____。

3. 人体不能自行合成或合成速度不能满足机体需要，必须从外界摄取以满足营养需要的氨基酸称为_____。

4. 蛋白质主要是由_____、_____、_____、_____四种元素组成。它的一级结构是多个 α- 氨基酸通过_____结合而成。

5. 在球蛋白溶液中加入大量饱和硫酸铵时溶液会出现_____，这种现象称为_____。

二、简答题

1. 名词解释

（1）氨基酸等电点　　（2）肽键　　（3）盐析　　（4）蛋白质变性

2. 用化学方法鉴别下列物质

（1）蛋白质和氨基酸

（2）氨基酸和淀粉

附　录

实 训 指 导

有机化学是以实训为基础的自然科学，通过实训可以帮助学生更好地学习和理解有机化学知识，培养学生观察、分析和解决问题的能力。有机化学实训是有机化学基础教学的重要环节。为了确保有机化学实训教学的正常进行，学生必须遵守实训室规则和安全规则。

（一）实训规则

1. 实训前必须认真预习实训内容，明确实训目的，了解实训方法，简要写好预习报告。

2. 实训开始前检查实训药品和仪器是否齐全，如有缺损立刻报告老师，及时登记、补领或调换。

3. 在实训室内，应听从老师指导，遵守秩序，保持安静。实训时要全神贯注，操作规范，积极思考，仔细观察并如实地记录实训现象、数据和结果等。

4. 实训过程中，必须严格遵守实训室的各项制度，注意安全，中途不得擅自离开实训室。实训中严格按操作规程和实训方法认真进行实训，如有新的见解和建议应先与教师共同研究和商榷后再实施。

5. 实训室的药品禁止携带出室外，实训药品要严格按照规定用量，节约药品，不浪费水、电、乙醇。

6. 实训中要经常保持实训台面、地面和水槽的整洁；污物、残渣等应丢到指定的地点；废酸、废碱等腐蚀性溶液应倒入指定的废液缸中，禁止倒入水槽。

7. 实训结束后，应将所用仪器清洗干净，放置整齐。并将实训原始记录交给指导老师，经检查认可后，方可离开实训室。

8. 轮流值日的同学应对实训室进行全面整理清扫；倾倒废液，将有关器材、药品整理就绪，关好水、电、门、窗，经老师检查合格后方可离开。

（二）安全规则

有机化学实训所用药品大多是易燃、易爆、有毒或腐蚀性的试剂，所用仪器多数是易破易碎的玻璃制品。实训时稍有不慎，就易发生意外事故。所以应该采取必要的安全和防护措施，才能保证实训的顺利进行。

1. 实训开始前应检查仪器是否完好无损，装置是否稳妥。实训过程中不得随意离开，应经常检查仪器有否漏气、破裂等现象。

2. 蒸馏易燃有机化合物时，应采取热浴间接加热，严禁直接用明火加热。

3. 使用有毒、恶臭和强烈刺激性物质，或会生成有毒物质的反应都须在通风橱进行操作。对反应产生的有害气体应按规定处理、排放，以免污染环境，影响身体健康。接触有毒物质后，应立即洗净双手，以免中毒。严禁在实训室内吃任何食物。

4. 当被玻璃割伤时，取出伤口中的残余玻璃碎屑，用医用双氧水洗净伤口，涂上碘伏并包扎伤口。若伤势较严重，先做止血处理后，送医务室进一步治疗。

5. 酸液或碱液溅入眼中，立即用大量生理盐水冲洗，若是酸性试剂可用稀 NaHCO$_3$ 溶液冲洗；若是碱性试剂，则用硼酸溶液或 1% 乙酸溶液冲洗，然后送医务室处理。

6. 若遇有机化合物着火，应沉着冷静，首先移开未着火的可燃物，若火势不大，可用湿抹布或黄砂扑灭。如果火势较大，则用适宜的灭火器扑灭。电器着火应先切断电源，再用适宜的灭火器灭火。

7. 使用电器时应防止触电，不能用湿手接触电插头，以免造成危险。

（三）常用仪器

实训表 1-1 列出了有机化学实训常用的玻璃仪器。

实训表 1-1　有机化学实训常用玻璃仪器

仪器名称	主要用途	使用注意事项
 长颈圆底烧瓶　圆底烧瓶　三颈烧瓶	1. 进行试剂量较大的加热反应 2. 装配气体装置 3. 三颈烧瓶主要用于有机化合物的制备	1. 加热时需垫石棉网，并固定在铁架台上 2. 防止骤冷，以免容器破裂 3. 三颈烧瓶的 3 个口根据需要可方便插入温度计、滴液漏斗，与蒸馏头或冷凝管等连接
 空气冷凝管　直形冷凝管 球形冷凝管　蛇形冷凝管	1. 用于蒸馏装置中冷却蒸气 2. 空气冷凝管用于冷凝沸点高于 130℃的液体 3. 直形冷凝管用于冷凝沸点低于 130℃的液体 4. 球形冷凝管一般用于回流 5. 蛇形冷凝管用于冷凝沸点很低的液体	1. 用铁架台的铁夹夹住冷凝管的重心部分 2. 使用冷凝管时（除空气冷凝管外），冷凝管下口为进水口，上口为出水口，且上端出水口应向上 3. 蒸馏时，应先向冷凝管通冷水，再加热 4. 蛇形冷凝管须垂直装置，切不可斜装

仪器名称	主要用途	使用注意事项
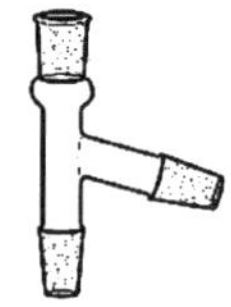 蒸馏头 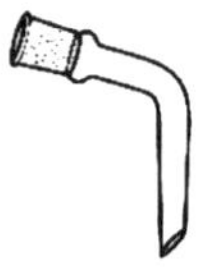　　　接液管	1. 蒸馏头用于常压蒸馏 2. 接液管和接收器一起接收常压蒸馏时冷凝管冷却后的液体	1. 蒸馏头下接烧瓶，上接温度计，斜口连接直形冷凝管 2. 接液管与接收器之间要与大气相通，不可封闭
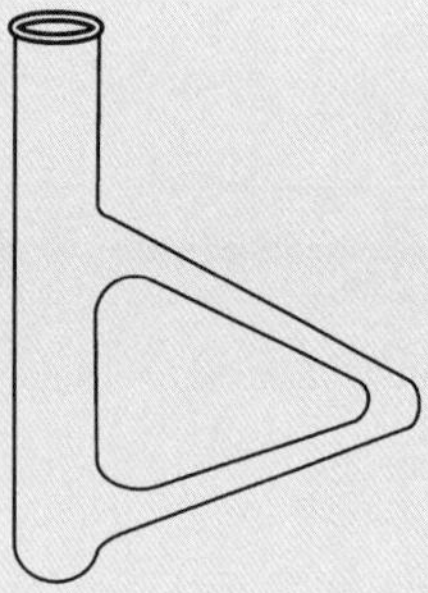 熔点测定管	用于测定熔点	1. 测定熔点时，熔点测定管应固定在铁架台上 2. 应在熔点测定管的侧管末端进行加热 3. 加入的传热液要能盖住测定管的上侧管口
 分液漏斗(球形) 　分液漏斗(梨形)	1. 分离两种互不相溶的液体 2. 从溶液中萃取某种成分 3. 用水、碱或酸洗涤某种产品	1. 不能加热 2. 分液漏斗要固定于铁架台的铁圈上 3. 使用前要检查活塞是否漏水，如果漏水，则需将活塞擦干，均匀地涂上一层凡士林(活塞的小孔处不能涂抹) 4. 分液时，下层液体通过活塞放出，上层液体从漏斗口倒出 5. 用毕洗净后在活塞和磨砂口间垫纸片，以防黏结

（廖　萍）

实训一　熔点的测定

【实训目的】

1. 熟练掌握熔点测定装置的组装和使用。

2. 学会运用毛细管法测定有机化合物熔点的基本操作。

3. 培养学生严谨、认真的科学态度，养成耐心细致、仔细观察的良好习惯。

【实训准备】

1. 实训用品　尿素、桂皮酸、传热液(液体石蜡)。

熔点测定管(又称为 b 型管)、200℃水银温度计、毛细管、玻璃管(内径 10mm 左右,长 50cm)、牛角匙、酒精灯、铁架台、铁夹、表面皿、缺口软木塞、橡皮圈。

2. 实训环境　化学实训室。

【实训学时】

2学时。

【实训方法】

1. 毛细管的熔封　取一根长短适度的毛细管,呈约 45° 角在外焰的边缘加热,并不断捻动,使其熔化、端口封闭。封口后的毛细管,底部封口处的玻璃应尽可能薄,并且均匀,使其具有良好的热传导性。

2. 样品的填装　将待测熔点的干燥样品研磨成细粉后,取少许 (0.1~0.2g)堆于干净的表面皿上,将熔封好的毛细管开口一端插入样品中,反复插入几次,使少许样品进入毛细管中(实训图 1-1)。另取一根玻璃管竖立于一洁净的表面皿上,把装有样品的毛细管开口端朝上,从玻璃管口上端自由下落,反复多次,直至样品致密均匀填装于毛细管底部,且高度 2.5~3.5mm 之间,用同样方法每种样品填装 3 根毛细管。

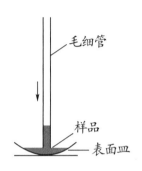

实训图 1-1　装填样品

3. 仪器装置

(1)将熔点测定管固定于铁架台上,倒入液体石蜡(液体石蜡作为传热液),传热液加到熔点测定管的上侧管口为宜。

(2)将装有样品的毛细管用橡皮圈固定在温度计上,使样品管装样部位位于水银球中部(实训图 1-2),然后将此带有毛细管的温度计,通过有缺口的软木塞小心插入熔点测定管中,使之与熔点测定管同轴,并使温度计的水银球位于熔点测定管两支管的中间部位(实训图 1-3)。

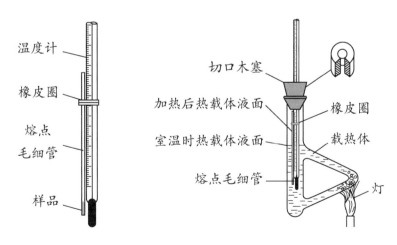

实训图 1-2　固定样品管　　实训图 1-3　熔点测定

4. 熔点的测定　测定熔点的过程分为粗测和精测。

(1)粗测:用酒精灯慢慢加热熔点测定管的支管连接处,使温度每分钟上升约 5℃,仔细观察并记录样品开始熔化时的温度,即得样品的粗测熔点,作为精测的参考。

（2）精测：移去酒精灯,待传热液温度下降至粗测熔点以下约30℃时,将温度计从熔点测定管取出,更换一根新装样品的毛细管后,开始加热。初始升温速度可以快一些,待温度升至距粗测熔点约10℃时,控制火焰使每分钟升温1~2℃。愈接近熔点,升温速度愈慢。当毛细管内样品形状开始改变,出现塌陷开始湿润、出现液滴时,表明样品开始熔化,记下此时的温度即样品的初熔温度。继续缓缓加热,当样品全部熔化成透明液体时再记录温度,此时即为样品的终熔温度。初熔至终熔的温度范围即为熔程。纯净的固体有机化合物一般都有固定的熔点,其熔程一般为0.5~1℃。若含少量杂质,熔点会下降,熔程增大。

5. **样品测定** 本实训以尿素和桂皮酸为样品,每种样品测3次。第一次为粗测,加热可稍快些。测知其大致熔点范围后,再做两次精测,求取平均值。两次误差不应超过±1℃。

6. **测定完毕** 测定完毕后,按照从上往下,从右往左的顺序拆卸装置。拆卸完毕,按照玻璃和铁质仪器分类整理,垃圾分类处理,收拾台面,打扫卫生,离开实训室。

【实训结果】

将实训中测得的温度值填入实训表1-2。

实训表1-2　熔点的测定

样品	初熔温度	终熔温度	熔程
尿素			
桂皮酸			

【注意事项】

1. 待测样品要研细,干燥且不含杂质,填装要致密均匀；样品量不宜太少或太多。
2. 传热液的选择可根据待测物质的熔点而定。
3. 毛细管口径要适当,管体要圆而均匀,管壁不宜太厚,内壁要洁净,熔封口要严密而底薄。
4. 测定时,温度计刻度正对着操作者本人,便于观察。
5. 升温速度要慢,让热传导有充分的时间。
6. 每次测定必须要用新的毛细管重新装样。
7. 测定完毕,待液体石蜡冷却后方可将它倒回原瓶中。
8. 温度计冷却后,先用滤纸擦去表面传热液,再用水冲洗。
9. 安全操作,垃圾分类处理。

【问题与思考】

1. 为什么不能用测过一次熔点的样品再做第二次测定?
2. 若样品研得不细,对装样有什么影响? 对所测定有机化合物的熔点数据是否可靠?
3. 如有两种样品,测得其熔点相同,如何证明它们是不是同种物质?

（李　晖）

实训二 烃 的 性 质

【实训目的】

1. 熟练进行饱和链烃与不饱和链烃、苯与苯的同系物的鉴别操作。

2. 学会验证烃类的主要性质。

3. 培养耐心细致、一丝不苟的工作作风。

【实训准备】

1. 实训用品 1g/L $KMnO_4$ 溶液、2mol/L H_2SO_4 溶液、10g/L 硝酸银氨溶液、50g/L 氯化亚铜氨溶液、石油醚（烷烃混合物）、松节油、溴的四氯化碳溶液、碳化钙、饱和食盐水、浓硫酸、浓硝酸、苯、甲苯。

试管、烧杯、量筒、恒温水浴箱、带导管的塞子、棉花。

2. 实训环境 化学实训室。

【实训学时】

2学时。

【实训方法】

1. 烷烃和烯烃的性质

（1）氧化反应：取 2 支试管，各加入 5 滴 1g/L $KMnO_4$ 溶液和 2mol/L H_2SO_4 溶液 1ml，然后分别加入 10 滴石油醚和松节油，充分振荡，观察并解释现象。

（2）加成反应：取 2 支试管，各加入 10 滴溴的四氯化碳溶液，然后分别加入 10 滴石油醚和松节油，充分振荡，观察并解释现象。

2. 炔烃的性质

（1）制备乙炔：在 1 支大试管中加入 3~4ml 饱和食盐水，再加入几小块碳化钙（电石），立即将一团疏松的棉花塞进试管的上部，并用带导管的塞子塞住管口，记录现象，并写出反应方程式。

（2）乙炔的特性：取已编号的 4 支试管，第一支试管中加入 5 滴 1g/L $KMnO_4$ 溶液和 2mol/L H_2SO_4 溶液 1ml，另 3 支试管中分别加入 15 滴溴的四氯化碳溶液、10g/L 硝酸银氨溶液和 50g/L 氯化亚铜氨溶液，将乙炔导管分别插入 4 支试管，观察并解释现象。

3. 苯和甲苯的性质

（1）硝化反应：取 2 支干燥大试管，每支试管中加入浓硫酸和浓硝酸各 2ml，混匀并冷却，向一支试管中加入 1ml 苯，另一支试管中加入 1ml 甲苯，边加边振荡，混匀后将 2 支试管置于 60℃水浴加热 10min，然后将 2 支试管中的液体分别倒入已盛有 20ml 水的烧杯中，观察生成物的颜色、状态，并用手在试管口扇动使生成物的气味少量飘入鼻中。

（2）氧化反应：取 2 支试管，各加入 5 滴 1g/L $KMnO_4$ 溶液和 2mol/L H_2SO_4 溶液 1ml，再分别加入 1ml 苯和甲苯，充分振荡数分钟，观察并解释现象。

【实训结果】

将观察的实训现象填入实训表 2-1 至实训表 2-3。

实训表 2-1　烷烃和烯烃的性质

试剂	石油醚	松节油
KMnO₄ 溶液（酸性）		
溴的四氯化碳溶液		

实训表 2-2　炔烃的特性

试剂	KMnO₄ 溶液（酸性）	溴的四氯化碳溶液	硝酸银氨溶液	氯化亚铜氨溶液
乙炔				

实训表 2-3　苯和甲苯的性质

试剂	苯	甲苯
硝化反应		
氧化反应		

【注意事项】

1. 在验证烃的性质时，应把握振荡后进行观察的时间大致相同。

2. 制取乙炔实验前应将乙炔性质实验所需试剂都准备好。

3. 乙炔银、乙炔铜在潮湿及低温时比较稳定，而在干燥时受热或受震动易发生爆炸，所以反应完毕要及时加入硝酸将其分解，以免发生危险。切勿将此沉淀倒入废物缸或遗弃在实训室，应倒入指定容器中，统一处理。

【问题与思考】

1. 石油醚和松节油分别属于哪类烃？

2. 如何用化学方法鉴别石油醚和松节油、苯和甲苯？

（范丽红）

实训三　醇和酚的性质

【实训目的】

1. 熟练掌握醇和酚的鉴别方法。

2. 学会验证醇和酚的主要化学性质。

3. 养成认真操作、仔细观察、一丝不苟的实验态度。

【实训准备】

1. 实训用品　Na、Na₂CO₃ 固体、苯酚固体；无水乙醇、酚酞指示剂、正丁醇、仲丁醇、叔丁醇、蒸馏水、1.5mol/L H₂SO₄ 溶液、0.17mol/L K₂Cr₂O₇ 溶液、2.5mol/L NaOH 溶液、0.3mol/L CuSO₄ 溶液、95% 乙醇溶液、甘油、0.1mol/L 苯酚溶液、0.1mol/L 邻苯二酚溶液、0.1mol/L 苯甲醇溶液、饱和溴水、0.06mol/L FeCl₃ 溶液、0.03mol/L KMnO₄ 溶液、2mol/L HCl 溶液、浓硫酸。

试管、试管夹，镊子，滤纸，烧杯，玻璃棒，带导管的橡皮塞。

2. 实训环境　化学实训室。

【实训学时】

2学时。

【实训方法】

1. 醇的化学性质

（1）醇钠的生成及水解：在干燥试管中，加入无水乙醇1ml，并用镊子取出一块绿豆大小的金属Na，用滤纸擦干表面的煤油，将其放入试管中，观察发生的变化，记录并解释；冷却后，加入蒸馏水少许，然后再滴加酚酞指示剂1滴，观察发生的变化，记录并解释。

（2）醇的氧化：取4支试管，分别加入5滴正丁醇、仲丁醇、叔丁醇和蒸馏水，然后各加入10滴1.5mol/L H_2SO_4溶液和0.17mol/L $K_2Cr_2O_7$溶液，振摇，观察发生的变化，记录并解释。

（3）甘油与$Cu(OH)_2$溶液反应：取2支试管各加2.5mol/L NaOH溶液1ml和0.3mol/L $CuSO_4$溶液1ml溶液，摇匀，观察现象；再分别加入95%乙醇溶液、甘油各10滴，振摇，静置，观察发生的变化，记录并解释。

2. 酚的化学性质

（1）酚的溶解性：取1支试管，加入苯酚固体少量，再加入1ml蒸馏水，振荡，观察现象；加热，观察变化；再冷却，观察又有何现象发生。记录实验现象，并分析原因。

（2）酚的弱酸性：在上述苯酚浑浊液中滴加2.5mol/L NaOH溶液适量，振荡，观察现象并解释。

将上述澄清液分装于2支试管中，向第一支试管加入2mol/L HCl溶液2ml，观察现象并解释；另取1只试管，加入少量Na_2CO_3固体和2mol/L HCl溶液，用带导管的橡胶塞塞住管口，将产生的气体通入第2支试管中，观察现象并解释。

（3）苯酚与饱和溴水的反应：在试管中加入0.1mol/L苯酚溶液5滴，逐滴加入饱和溴水，振荡，观察发生的变化，记录并解释。

（4）酚与$FeCl_3$溶液的显色反应：取3支试管，分别向3支试管中加入0.1mol/L苯酚溶液1ml、0.1mol/L邻苯二酚溶液1ml、0.1mol/L苯甲醇溶液1ml，再各加0.06mol/L $FeCl_3$溶液1滴，振荡，观察发生的变化，记录并解释。

（5）酚的氧化反应：在试管中滴入0.1mol/L苯酚溶液2ml，再滴2.5mol/L NaOH溶液1ml，最后滴加0.03mol/L $KMnO_4$溶液2～3滴，观察发生的变化，记录并解释。

【实训结果】

将观察的实训现象填入实训表3-1至实训表3-2。

实训表3-1　醇的化学性质

试剂	乙醇	正丁醇	异丁醇	叔丁醇	甘油
Na		—	—	—	—
酸性$K_2Cr_2O_7$溶液					—
新制$Cu(OH)_2$溶液		—	—	—	

（注：—表示此实训不做）

性质	产生的现象及原因
苯酚的溶解性	
苯酚的酸性	
与溴水反应	
显色反应	
氧化反应	

【注意事项】

1. Na 是活泼金属，存放在煤油中，使用时用镊子夹取，并用滤纸擦干表面的煤油，严禁用手接触。

2. 醇与金属 Na 的反应，实验操作时要注意试管必须干燥、试剂必须无水。

3. 苯酚有较强的腐蚀性，可灼伤皮肤，使用时要注意安全。如皮肤上不小心沾到苯酚，可迅速用乙醇冲洗擦拭，然后再用水冲洗干净。

4. 实验结束后，废弃物分类倒入指定容器中，统一回收处理。

【问题与思考】

1. 在验证乙醇与金属 Na 作用时，为什么必须使用干燥的试管和无水乙醇？

2. 苯酚有较强的腐蚀性，使用苯酚不小心沾到皮肤上应该如何处理？

（贾　梅）

实训四　醛和酮的性质

【实训目的】

1. 熟练掌握醛、酮的鉴别方法。

2. 学会配制碘仿试剂、托伦试剂和费林试剂。

3. 培养学生严谨求实、积极探索的科学态度，养成耐心细致、团结合作的工作作风。

【实训准备】

1. 实训用品　甲醛、乙醛、丙酮、苯甲醛、2,4-二硝基苯肼溶液、费林溶液甲、费林溶液乙、0.05mol/L $AgNO_3$ 溶液、2mol/L NaOH 溶液、0.5mol/L 氨水、碘试液、0.05mol/L $Na_2[Fe(CN)_5NO]$ 溶液、希夫试剂。

试管、胶头滴管、恒温水浴箱。

2. 实训环境　化学实训室。

【实训学时】

2学时。

【实训方法】

1. 醛、酮的共性

（1）与 2,4-二硝基苯肼反应：取 4 支试管，各加入 10 滴 2,4-二硝基苯肼溶液，再分别加入 5

滴甲醛、乙醛、苯甲醛、丙酮，振摇试管，混匀后水浴加热，观察并解释现象。

（2）碘仿反应：取 1 支试管加入 2ml 碘试液，再逐滴加入 2mol/L NaOH 溶液至碘的颜色刚好消失，即得碘仿试剂。

取 4 支试管，分别加入 5 滴甲醛、乙醛、苯甲醛、丙酮，再各加入 10 滴碘仿试剂，振摇，观察有无沉淀生成；如果没有明显现象，可将试管置入 50～60℃水浴中，观察并解释现象。

2. 醛的化学特性

（1）银镜反应：取 1 支洁净的大试管，加入 0.05mol/L AgNO$_3$ 溶液 2ml 和 1 滴 2mol/L NaOH 溶液，再逐滴加入 0.5mol/L 氨水，边滴加边振荡，直至生成的沉淀恰好溶解为止，该溶液即为托伦试剂；把配制好的溶液分装在 4 支洁净的试管中，再分别加入 3～5 滴甲醛、乙醛、苯甲醛、丙酮，振荡后，放在 50～60℃水浴中加热几分钟，观察并解释现象。

（2）费林反应：取 4 支试管，分别加入 1ml 费林溶液甲和 1ml 费林溶液乙，摇匀，得到深蓝色溶液（即费林试剂）；然后再各加入 10 滴甲醛、乙醛、苯甲醛、丙酮，摇匀，放入沸水浴中加热 3～5min，观察并解释现象。

（3）希夫试剂反应：取 4 支试管，分别加入 5 滴甲醛、乙醛、苯甲醛、丙酮；再各加入 10 滴希夫试剂，振荡，观察并解释现象。

3. 丙酮的显色反应　取 2 支洁净的试管，各加入 0.05mol/L Na$_2$[Fe(CN)$_5$NO]溶液 1ml 和 10 滴 0.5mol/L 氨水，摇匀；再分别加入 5 滴丙酮和乙醛，混匀，观察并解释现象。

【实训结果】

将观察到的实训现象填入实训表 4-1 至实训表 4-3。

实训表 4-1　醛、酮的共性

试剂	甲醛	乙醛	苯甲醛	丙酮
2,4-二硝基苯肼溶液				
碘仿试剂				

实训表 4-2　醛的特性

试剂	甲醛	乙醛	苯甲醛	丙酮
托伦试剂				
费林试剂				
希夫试剂				

实训表 4-3　丙酮的特性

试剂	丙酮	乙醛
Na$_2$[Fe(CN)$_5$NO]溶液		

【注意事项】

1. 进行碘仿反应时应注意样品不能过多，否则生成的碘仿可能会溶于醛或酮中。

2. 进行银镜反应时必须保证试管的清洁度；实验结束后，要用少量浓硝酸洗去银镜。

3. 托伦试剂必须临时配制，因放久将易析出沉淀；忌用酒精灯加热，以免发生爆炸；注意氨水不能过量；加氨水摇匀后不能再振荡；实验时要控制水浴加热的温度。

4. 费林试剂不稳定，两种溶液要分别贮存，使用时等体积混合即可。

5. 2,4-二硝基苯肼试剂贮存于棕色试剂瓶中。

6. 醛与希夫试剂的反应必须在室温和酸性条件下进行。

7. 实验过程的废液倒入指定的容器中，分类存贮，统一回收处理。

【问题与思考】

1. 进行碘仿反应时，为什么要控制碱的加入量？

2. 银镜反应结束，应如何去除试管内壁所附着的银镜？

3. 费林试剂为什么要现配现用？

（庞晓红）

实训五　羧酸的性质

【实训目的】

1. 学会验证羧酸的主要化学性质及鉴别方法。

2. 熟练掌握羧酸脱羧反应和酯化反应的实训操作。

3. 养成耐心细致、仔细观察的良好习惯和实验态度。

【实训准备】

1. 实训用品　0.1mol/L 甲酸溶液、0.1mol/L 乙酸溶液、0.1mol/L 乙二酸溶液、0.1mol/L 丁二酸溶液、无水 Na_2CO_3、10%NaOH 溶液、蒸馏水、0.05mol/L $AgNO_3$ 溶液、0.5mol/L 氨水溶液、费林试剂甲、费林试剂乙、2mol/L NaOH 溶液、乙二酸固体、2g/L 酸性 $KMnO_4$ 溶液、95% 乙醇溶液、饱和 $Ca(OH)_2$ 溶液、广泛 pH 试纸、饱和 Na_2CO_3 溶液、浓硫酸、稀硝酸。

试管、大试管、试管夹、滴管、橡皮塞、玻璃导管、铁架台、酒精灯、烧杯、表面皿、水浴锅、导气管、点滴板。

2. 实训环境　化学实训室。

【实训学时】

2学时。

【实训方法】

1. 酸性

（1）酸性检验：分别取 2 滴 0.1mol/L 甲酸溶液、0.1mol/L 乙酸溶液、0.1mol/L 乙二酸溶液、0.1mol/L 丁二酸溶液滴于点滴板的 4 个凹孔中，用广泛 pH 试纸测其近似 pH。记录并比较四种酸的酸性强弱。

（2）与碳酸盐反应：取 1 支试管，加入少量无水 Na_2CO_3，再滴加 0.1mol/L 乙酸溶液数滴，振荡并观察现象。

2. 成酯反应

（1）在干燥的大试管中加入 95% 乙醇溶液、0.1mol/L 乙酸溶液各 3ml，边摇边逐滴加入 1ml 浓硫酸，按实训图5-1所示把装置连接好,在另一支大试管里加入约3ml饱和Na_2CO_3溶液。

（2）用小火加热试管里的混合物,把产生的蒸气经导气管通入盛有饱和Na_2CO_3溶液液面的上方约0.5cm处,注意观察液面上的变化。

（3）振荡盛有饱和Na_2CO_3溶液的试管,静置,待液体分层后,观察上层的油状液体,并搿闻其气味。

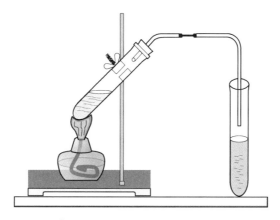

实训图5-1　乙酸乙酯的制备

3. 氧化反应

（1）与酸性$KMnO_4$的反应:取3支试管,分别加入5滴0.1mol/L甲酸溶液、5滴0.1mol/L乙酸溶液以及1小匙乙二酸固体和蒸馏水配成的溶液,然后滴入数滴2g/L酸性$KMnO_4$溶液,振荡,观察并解释现象。

（2）银镜反应:在1支洁净的试管中滴入5滴0.05mol/L $AgNO_3$溶液和1滴2mol/L NaOH溶液,逐滴加入0.5mol/L的氨水溶液至生成的沉淀恰好溶解为止,即得托伦试剂。再往试管加入0.1mol/L甲酸溶液数滴,振荡,在50~60℃水浴中加热数分钟,观察并解释现象。

（3）费林反应:取3支试管,分别加入费林试剂甲、乙各1ml,混匀即得费林试剂。再向3支试管中分别滴入10滴0.1mol/L甲酸溶液、0.1mol/L乙酸溶液及由0.2g乙二酸固体和1ml蒸馏水所配成的溶液,振荡后在沸水浴中加热3~5min后,观察并解释现象。

4. 脱羧反应　在干燥的大试管中加入约3g乙二酸固体,用带有导气管的塞子塞紧管口,将试管口稍向下倾斜地夹在铁架台上,把导气管出口插入到盛有3ml澄清饱和$Ca(OH)_2$溶液的试管中,小心加热大试管,如实训图5-2所示,仔细观察大试管的变化,记录和解释发生的现象。

实训结束后,仪器分类整理,垃圾分类处理,收拾台面,打扫卫生,离开实训室。

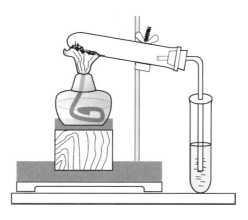

实训图5-2　羧酸的脱羧反应

【实验结果】

将观察到的实验现象填入实训表 5-1 和实训表 5-2。

实训表 5-1　羧酸的化学性质

试剂	甲酸溶液	乙酸溶液	乙二酸溶液	丁二酸溶液	乙二酸固体
pH 试纸					—
无水 Na_2CO_3	—		—	—	—
托伦试剂		—	—	—	—
费林试剂				—	—
酸性 $KMnO_4$ 溶液			—	—	

（注："—"表示此实训不做）

实训表 5-2　羧酸的成盐反应、脱羧反应和酯化反应

	脱羧反应	酯化反应
实验现象		
反应方程式		

【注意事项】

1. 进行银镜反应时,试管要清洗干净,水浴加热时温度要控制在 $50\sim60℃$,加热过程中不能振荡试管。

2. 银镜反应完成后,应立即加入数滴稀硝酸洗去试管中的银镜。

3. 酯化反应温度不能过高,要小火加热,若超过乙醇、乙酸的沸点,会引起二者挥发,使现象不明显。

4. 脱羧反应实验结束时,应先移去饱和 $Ca(OH)_2$ 溶液试管,再移去酒精灯,防止 $Ca(OH)_2$ 溶液倒吸入灼热的试管中发生炸裂。

5. 酯化反应实验结束时,应先移去饱和 Na_2CO_3 溶液试管,再移去酒精灯,防止饱和 Na_2CO_3 溶液倒吸入灼热的试管中发生炸裂。

【问题与思考】

1. 试从结构上分析甲酸和乙二酸为什么有还原性?

2. 请你设计小实验,验证乙酸的酸性比碳酸强,而碳酸的酸性比苯酚强?

3. 如何鉴别甲酸、乙酸和乙二酸?

4. 为什么乙酸乙酯的制备实验要加浓硫酸?

（廖　萍）

实训六　糖类的性质

【实训目的】

1. 熟练掌握糖类的鉴别方法。

2. 学会验证糖类的主要化学性质。

3. 养成耐心细致、一丝不苟的工作作风。

【实训准备】

1. 实训用品　0.5mol/L 葡萄糖溶液、0.5mol/L 果糖溶液、0.5mol/L 麦芽糖溶液、0.5mol/L 蔗糖溶液、20g/L 淀粉溶液、0.05mol/L $AgNO_3$ 溶液、2mol/L NaOH 溶液、0.5mol/L 氨水、本尼迪克特试剂、莫立许试剂、塞利凡诺夫试剂、浓盐酸、浓硫酸、碘试液、广泛 pH 试纸。

试管、酒精灯、烧杯、白瓷点滴板、吸管、试管夹、恒温水浴箱。

2. 实训环境　化学实训室。

【实训学时】

2 学时。

【实训方法】

1. 糖的还原性

（1）银镜反应：在 1 支试管内加入 0.05mol/L $AgNO_3$ 溶液 2ml，加 1 滴 2mol/L NaOH 溶液，逐滴加入 0.5mol/L 氨水溶液直至生成的沉淀恰好溶解为止，即得托伦试剂。另取 5 支试管，分别加入 5 滴 0.5mol/L 葡萄糖、果糖、麦芽糖、蔗糖溶液和 20g/L 淀粉溶液，然后各加入 10 滴托伦试剂，置于 60℃ 的热水浴中数分钟，观察现象并说明原因。

（2）本尼迪克特试剂反应：取 5 支试管，分别加入 5 滴 0.5mol/L 葡萄糖、果糖、麦芽糖、蔗糖溶液和 20g/L 的淀粉溶液，各加入 1ml 本尼迪克特试剂，置于 60℃ 的热水浴中 3～4min，观察现象并说明原因。

2. 糖的颜色反应

（1）莫立许反应：取 5 支试管，分别加入 10 滴 0.5mol/L 葡萄糖、果糖、麦芽糖、蔗糖和 20g/L 的淀粉溶液，各加入 2 滴莫立许试剂，混匀，把试管倾斜成 45° 角，沿试管壁慢慢加入 10 滴浓硫酸，勿摇动，慢慢竖起试管，观察液面交界处有无变化？如果数分钟内没有颜色出现，可在水浴中温热再观察变化，并说明原因。

（2）塞利凡诺夫反应：取 5 支试管，分别加入 5 滴 0.5mol/L 葡萄糖、果糖、麦芽糖、蔗糖和 20g/L 的淀粉溶液，各加入 10 滴塞利凡诺夫试剂，混匀，放入沸水浴中加热，观察现象，并说明原因。

（3）淀粉遇碘的反应：取 5 支试管，分别加入 5 滴 0.5mol/L 葡萄糖、果糖、麦芽糖、蔗糖和 20g/L 的淀粉溶液，各加入 1 滴碘试液，混匀，观察颜色变化；再将上述显蓝色的溶液稀释到淡蓝色，加热，再冷却，观察变化并说明原因。

3. 淀粉的水解　取 1 支大试管，加入 3ml 20g/L 淀粉溶液，再加 2 滴浓盐酸，混匀，置于沸水浴中加热 5min，每隔 1min 左右用吸管吸取溶液 1 滴，置点滴板的凹穴里，滴入碘试液 1 滴并注意观察，直至用碘试液检验不变色时停止加热。然后取出试管，滴加 50g/L NaOH 溶液中和至呈碱性（用 pH 试纸测试）。取此溶液 2ml 于另一支试管中，加入本尼迪克特试剂 1ml，加热后观察有何现象发生。说明原因。

【实训结果】

将观察到的实验现象填入实训表6-1至实训表6-3。

实训表6-1　糖的还原性

试剂	葡萄糖	果糖	麦芽糖	蔗糖	淀粉
托伦试剂					
本尼迪克特试剂					

实训表6-2　糖的颜色反应

试剂	葡萄糖	果糖	麦芽糖	蔗糖	淀粉
莫立许试剂					
塞利凡诺夫试剂					
碘试液					

实训表6-3　淀粉的水解

过程	现象
1. 浓盐酸	
2. 碘试液	
3. 本尼迪克特试剂	

【注意事项】

1. 托伦试剂必须临时配制，因久置易析出沉淀。忌用酒精灯直接加热，以免发生爆炸，注意实验安全。

2. 配制托伦试剂时，要注意氨水逐滴加入，振荡，滴加氨水的量最好以最初产生的沉淀刚好在溶解与未完全溶解之间。

3. 进行银镜反应时必须保证试管清洁。

4. 水浴加热时温度控制在60℃左右，切忌煮沸。

5. 实验废液倒入废液缸中，禁止倒入下水道，集中做无害化处理，尽量减少对环境的污染。

【问题与思考】

1. 怎么证明某淀粉溶液已经完全水解？淀粉水解后要用NaOH中和至碱性，再加入本尼迪克特试剂，这是为什么？

2. 怎样检验苹果、蜂蜜中是否含有葡萄糖？

3. 怎样用化学方法鉴别葡萄糖、蔗糖、淀粉？

（姜风华）

实训七　蛋白质的性质

【实训目的】

1. 巩固对蛋白质性质的理解。

2. 掌握常用蛋白质的鉴别方法。

3. 培养学生认真操作、仔细观察的实验态度。

【实训准备】

1. 实训用品　鸡蛋、饱和（NH_4）$_2SO_4$溶液、蒸馏水、药用酒精、浓硝酸、浓氨水、20g/L（CH_3COO）$_2Pb$溶液、0.1mol/L $AgNO_3$溶液、0.1mol/L NaOH溶液、0.1mol/L $CuSO_4$溶液、醋酸试管、试管架、试管夹、量筒、胶头滴管、酒精灯、烧杯、玻璃棒、火柴、毛笔。

2. 实训环境　化学实训室。

【实训学时】

2学时。

【实训方法】

鸡蛋白溶液的配制：把一个鸡蛋的两端各扎1个小孔。从上面的孔吹气，使鸡蛋白从下面的孔流入量筒中。取5ml蛋白放入烧杯中，加30ml蒸馏水，即成1∶6的鸡蛋白胶体溶液。

1. 蛋白质的盐析　取1支试管加入2ml鸡蛋白溶液，再用量筒量取5ml饱和（NH_4）$_2SO_4$溶液，将量取的饱和（NH_4）$_2SO_4$溶液沿试管壁缓慢加到盛有鸡蛋白溶液的试管中。振荡后静置5min，观察并解释现象。

取上述浑浊液2ml于另一支试管中，加蒸馏水5ml，振荡，观察并解释现象。

2. 蛋白质的变性

（1）加热：取1支试管加入2ml鸡蛋白溶液，用酒精灯加热，观察并解释现象。待试管冷却，向试管中加入5ml蒸馏水，观察并解释现象。

（2）加入重金属盐：取2支试管分别加入2ml鸡蛋白溶液，用胶头滴管向第一支试管中滴加0.1mol/L $AgNO_3$溶液5滴，向第二支试管中滴加20g/L（CH_3COO）$_2Pb$溶液5滴，振荡，观察并解释现象。分别向混合液中加入5ml蒸馏水，观察并解释现象。

（3）加入有机溶剂：取1支试管加入2ml鸡蛋白溶液，再用量筒量取5ml乙醇沿试管壁缓慢加到盛有鸡蛋白溶液的试管中，振荡，观察并解释现象。向试管中加入5ml蒸馏水，观察并解释现象。

3. 蛋白质的颜色反应

（1）缩二脲反应：取1支试管加入鸡蛋白溶液和0.1mol/L NaOH溶液各2ml，再滴加0.1mol/L $CuSO_4$溶液3滴，振荡，观察并解释现象。

（2）黄蛋白反应：取1支试管加入鸡蛋白溶液2ml，再滴加浓硝酸5滴，观察有何现象。将此试管在酒精灯上加热，又有何现象。冷却后，加浓氨水1ml，观察颜色变化并解释现象。

4. 蛋白质趣味实训（选做）　取一只鸡蛋，洗去表面的油污，擦干。用毛笔蘸取醋酸，在蛋壳上写字，等醋酸蒸发后，把鸡蛋放在稀$CuSO_4$溶液中煮熟，待鸡蛋冷却后剥去蛋壳，观察并解释现象。

实训结束：将试管内的药品倒入废液缸中，清洗干净试管等玻璃仪器，药品放回原来位置，收拾桌面，打扫卫生，离开实验室。

【实训结果】

将观察到的实训现象填入实训表7-1至实训表7-3。

实训表7-1 蛋白质盐析

试剂	鸡蛋白溶液
饱和(NH_4)$_2SO_4$溶液	
蒸馏水	

实训表7-2 蛋白质变性

试剂	加热	$AgNO_3$溶液	(CH_3COO)$_2$Pb溶液	乙醇
鸡蛋白溶液				
蒸馏水				

实训表7-3 蛋白质的颜色反应

试剂	NaOH溶液和$CuSO_4$溶液	浓硝酸
鸡蛋白溶液		

【注意事项】

1. 在加热试管操作时,试管口不能朝向他人,防止烫伤。

2. 操作浓酸、浓碱及重金属盐溶液时注意操作,不要滴溅到皮肤上。

3. 缩二脲反应时$CuSO_4$溶液不能多加,否则与NaOH形成蓝色Cu(OH)$_2$,干扰试验结果。

【问题与思考】

1. 怎样区别盐析蛋白质和变性蛋白质?

2. 如何区分衣服材质是羊毛的还是化纤的?

（孙　茹）

178

思考与练习参考答案

第一章 有机化合物概述

一、填空题

1. 碳氢化合物及其衍生物

2. 其他原子 单 双 三 链状 环状

3. 化学特性

4. 有机化合物易燃

5. 水 有机溶剂

6. 碳的骨架 官能团

二、简答题

1. 下面结构式正确吗？不正确的结构式，指出其原因，正确的结构式，将其改写成结构简式。

（1）不对，因为有机化合物中碳原子总是4价。

（2）对，其结构简式为$CH_3—CH_2—CH_3$。

2. 分别写出下列有机化合物分子可能存在的结构式、结构简式。

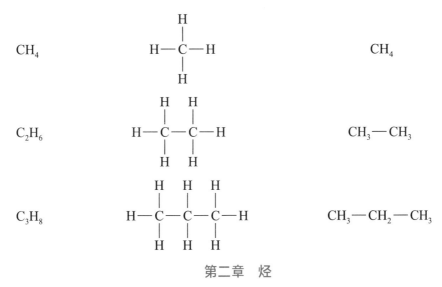

第二章 烃

一、填空题

1. 烷基 甲基 乙基

2. 烯烃 烷烃

3. 伯 仲 叔

4. 取代反应 卤代反应

5. C_nH_{2n+2} $C_nH_{2n}(n \geqslant 2)$ $C_nH_{2n-2}(n \geqslant 2)$

6. 苯 C_6H_6

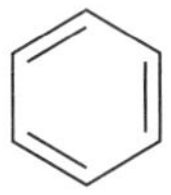

二、简答题

1. 用系统命名法命名下列化合物或根据名称写出其结构简式

（1）2,3-二甲基戊烷　　　　　　　　　　　（2）3-甲基-1-丁炔

（3）甲苯　　　　　　　　　　　　　　　　（4）邻二甲苯

（5）CH_3—CH—CH—CH_2—CH_2—CH_3
　　　　　　｜　　｜
　　　　　　CH_3　CH_3

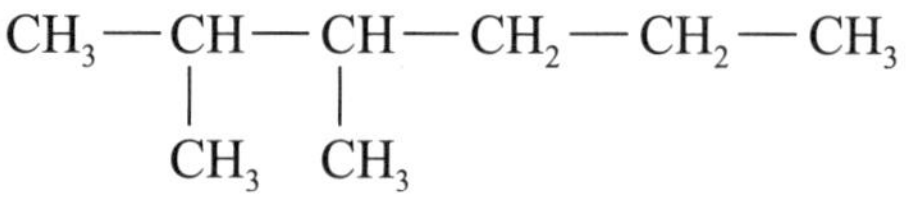

（6）H_3C　　　　CH_3
　　　　　＼　　／
　　　　　　C＝C
　　　　　／　　＼
　　　　H　　　　H

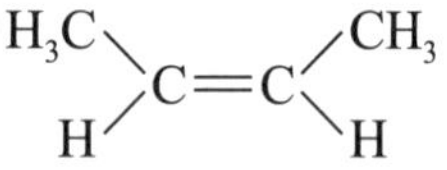

2. 用化学方法鉴别下列各组物质

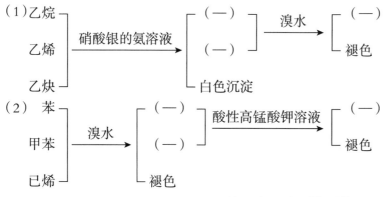

第三章　醇　酚　醚

一、填空题

1. 木醇　　木精　　毒

2. 酚羟基　　酚羟基

3. 伯醇　　酮　　叔醇

4. 甘油　　便秘

5. 变澄清　　化学　　变混浊

6. 3

7. 脱水剂　　利尿剂

二、简答题

1. 用系统命名法命名下列化合物

（1）2-丁醇　　　　　　　　　　　　　　　（2）3-甲基-2-丁醇

（3）3-甲基苯酚（间甲酚）　　　　　　　　（4）甲乙醚

（5）2-苯基-1-丙醇（2-苯基丙醇）　　　　（6）1,2-苯二酚（邻苯二酚）

2. 写出下列化合物的结构简式

（1）CH_3—CH_2—OH

（2）CH_3—O—CH_2—CH_3

（3）CH_2—CH—CH—CH—CH—CH_2
　　　｜　　｜　　｜　　｜　　｜　　｜
　　OH　OH　OH　OH　OH　OH

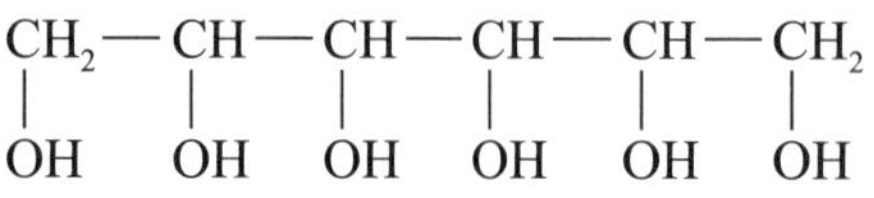

（4） OH

3. 用化学方法鉴别下列各组溶液

（1）1, 3-丙二醇 ┐
　　　　　　　├─新制备的Cu(OH)₂溶液──┬─（—）
　　丙三醇 ┘　　　　　　　　　　　　　└─沉淀溶解，溶液呈深蓝色

（2）乙醇 ┐
　　乙醚 ├─FeCl₃溶液──┬─（—）──Na──┬─生成气体
　　　　　│　　　　　　├─（—）　　　　└─（—）
　　苯酚 ┘　　　　　　└─紫色溶液

4. 拓展提高

A 可能是丙醇或 2- 丙醇，即

$CH_3—CH_2—CH_2—OH$　　或　　$\underset{\underset{OH}{|}}{CH_3—CH—CH_3}$

B 是甲乙醚，即 $CH_3—O—CH_2—CH_3$

相关化学方程式（略）。

第四章　醛　和　酮

一、填空题

1. 羰基化合物　　醛基　　酮基　　$C_nH_{2n}O$　　同分异构体

2. 伯　　仲

3. 甲醛　　凝固　　杀菌

4. 弱氧化剂　　醛　　酮

二、简答题

1. 用系统法命名下列化合物或写出结构简式

（1） CH_3CH_2CHO　　　　（2）

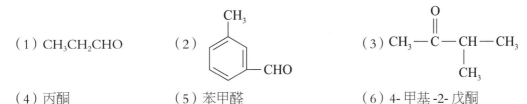

（4）丙酮　　　　　　　（5）苯甲醛　　　　　（6）4- 甲基 -2- 戊酮

2. 用化学方法鉴别下列各组化合物

（1）戊醛 ┐
　　　　　│
　　3-戊酮 ├─2, 4-二硝基苯肼──┬─橙黄色晶体──希夫试剂──┬─紫红色溶液
　　　　　│　　　　　　　　　├─橙黄色晶体　　　　　　　└─（—）
　　2-戊醇 ┘　　　　　　　　└─（—）

（2）

第五章　羧酸和取代羧酸

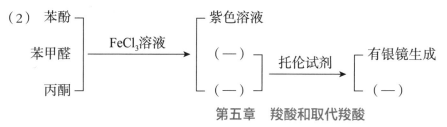

一、填空题

1. 烃基（或氢原子）　羧基　羧基

2. 醛基　醛的性质

3. β-丁酮酸（或乙酰乙酸）　β-羟基丁酸（或β-羟丁酸）　丙酮

二、简答题

1. 用系统命名法命名下列化合物或写出结构简式

（1）4-甲基戊酸　（2）苯乙酸

（3）β-羟基丁酸　（4）丁二酸

（5）β-丁酮酸　（6）丙酸

（7）HCOOH　（8）CH_3COOH

（9）

（10）$CH_3-\overset{\overset{\displaystyle O}{\|}}{C}-COOH$

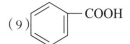

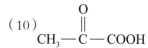

2. 比较下列有机化合物酸性的大小

（1）乙酸＞苯酚＞乙醇

（2）甲酸＞乙酸

（3）乙二酸＞甲酸＞乙酸＞碳酸

3. 用化学方法鉴别下列各组化合物

（1）

（2）

第六章　对 映 异 构

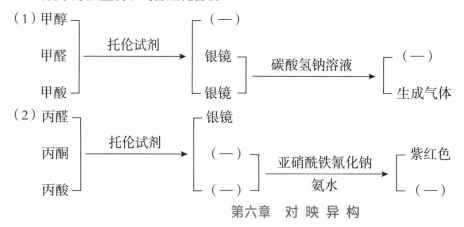

一、填空题

1. 旋光性　旋光性物质　右旋体　＋或 *d*

2. 外消旋体　± 或 *dl*

3. 浓度　长度　温度　波长

4. 在空间的排列方式

5. 手性碳原子

二、简答题

1. 判断下列化合物是否含有手性碳原子？若有请用 * 标出，并用费歇尔投影式写出该物质的一对对映异构体。

（1）无

（2）有

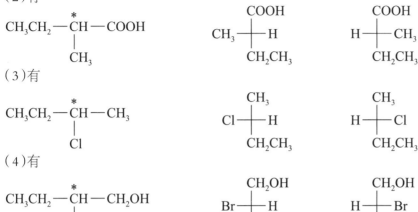

（3）有

（4）有

2. 拓展提高

A. 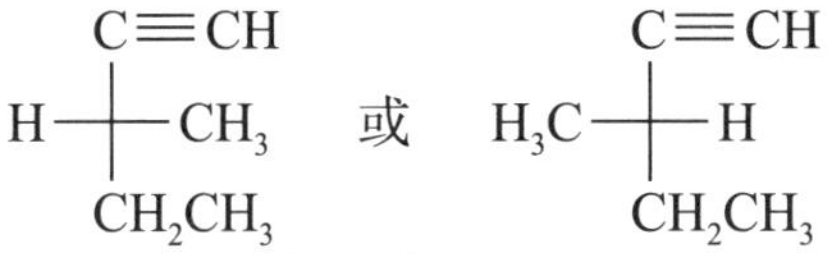 H $-|-$ CH₃ 或 H₃C $-|-$ H （结构式，见图）

B. CH₃CH₂CH(CH₃)C≡CAg   C. CH₃CH₂CH(CH₃)CH₂CH₃

第七章 酯 和 脂 类

一、填空题

1. 酯键

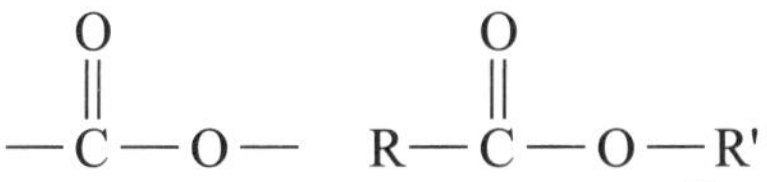

2. 甘油   高级脂肪酸

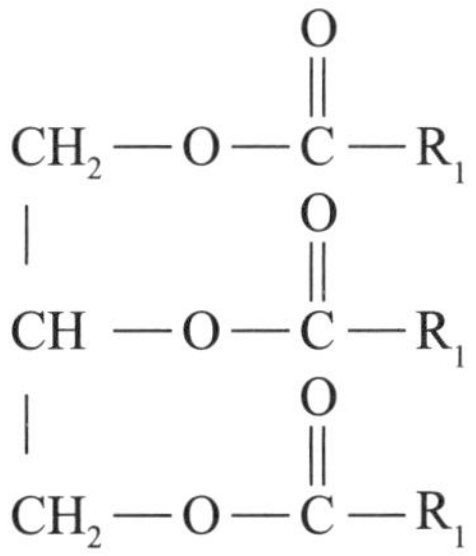

3. 油   不饱和   脂肪   饱和

4. 甘油   高级脂肪酸钠盐   皂化反应

5. 氧化   酸败

6. 6

7. 乳化作用

二、简答题

1. 用系统命名法命名下列化合物

（1）甲酸甲酯   （2）乙酸丙酯   （3）甲酸苯酯   （4）苯甲酸乙酯

2. 写出下列化合物的结构简式

（1）$CH_3CH_2-\overset{\displaystyle O}{\overset{\|}{C}}-O-CH_3$ （2）$CH_3-\overset{\displaystyle O}{\overset{\|}{C}}-O-CH_2-CH_3$

（3）$CH_3(CH_2)_{14}COOH$ （4）$CH_3(CH_2)_7CH{=}CH(CH_2)_7COOH$

第八章　含氮有机化合物

一、填空题

1. 氢　　　烃基

2. 氨基　　　酰基

3. 缩二脲　　　缩二脲反应

4. 苯磺酰胺

二、简答题

1. 用系统命名法命名下列化合物

（1）乙胺　（2）甲乙丙胺　（3）*N*-甲基苯胺　（4）苯乙胺　（5）二苯胺

（6）*N,N*-二甲基苯胺　（7）*N,N*-二甲基乙酰胺　（8）*N*-乙基丙酰胺

2. 写出下列物质的结构简式

（1）$\underset{CH_3}{\overset{\displaystyle CH_3}{\overset{\displaystyle |}{N}}}-CH_2CH_3$ （2）$CH_3-\overset{\displaystyle O}{\overset{\|}{C}}-NH-CH_2CH_3$

（3）$H_2N-(CH_2)_6-NH_2$ （4）$H_2N-\overset{\displaystyle O}{\overset{\|}{C}}-NH_2$

3. 用化学方法鉴别下列各组物质

（1）
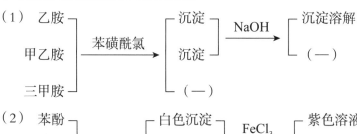

（2）
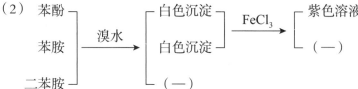

第九章　杂环化合物和生物碱

一、填空题

1. 五元　　　六元

2. 生物体　　　碱性

3. 黄连素　　　肠胃炎　　　细菌性痢疾

二、简答题

1. 用系统命名法命名下列化合物

（1）3-吡啶甲酸　　　　（2）2,4-二羟基嘧啶　　　　（3）2-甲基-3-羟基吡啶

2. 请指出下列物质中杂环类别

（1）吲哚　　（2）喹啉

第十章　糖　类

一、填空题

1. 单　低聚　多

2. 葡萄糖　3.9～6.1

3. 本尼迪克特

4. 糖苷　配糖

5. 难　蓝紫　葡萄糖

6. 直链　支链　直链　支链

二、简答题

1. 加碘试液，不变蓝。

2. 没有成熟的苹果中含有淀粉，成熟后的苹果汁中含有大量的果糖，具有还原性，能还原托伦试剂。

3. 用化学方法鉴别下列化合物

（1）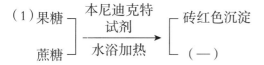

（2）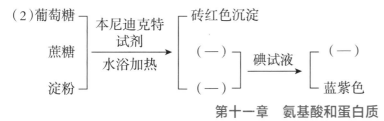

第十一章　氨基酸和蛋白质

一、填空题

1. 羧　氨

2. 酸性氨基酸　中性氨基酸　碱性氨基酸

3. 必需氨基酸

4. C H O N　肽键

5. 沉淀　蛋白质盐析

二、简答题

1. 名词解释

（1）氨基酸等电点：当调整某一种氨基酸溶液的 pH，使该氨基酸解离成阳离子和阴离子的趋势相等，以两性离子形式存在，所带净电荷为零，呈电中性，此时溶液的 pH 称为该氨基酸的等电点。

（2）肽键：肽分子中的酰胺键。

（3）盐析：蛋白质溶液中加入一定量的无机盐而使蛋白质沉淀析出的方法。

（4）蛋白质变性：蛋白质在物理因素（如紫外线、X射线、超声波、加热和高压等）或化学因素（如强酸、强碱、强氧化剂、重金属盐、有机溶剂等）作用下，分子空间结构被破坏，理化性质和生物活性发生改变的现象。

2. 用化学方法鉴别下列物质

（1）

（2）

教学大纲(参考)

一、课程性质

有机化学基础是中等卫生职业教育医学检验技术专业的核心课程。本课程内容包括重要有机化合物的结构、命名、化学性质及其应用。本课程的任务是坚持立德树人,融入课程思政,培养学生的化学学科核心素养,使学生学习和掌握与医学检验有关的有机化学基础知识、基本原理和基本实验技能,养成具有初步分析、判断和解决实际问题的能力;培养学生精益求精的工匠精神,严谨求实的科学态度,引领学生逐步形成正确的世界观、人生观和价值观,自觉践行社会主义核心价值观,成为德智体美劳全面发展的高素质劳动者和技能型人才。

二、课程目标

通过本课程的学习,学生能达到下列要求:

(一)职业素养目标

1. 培养学生具有爱岗敬业,服务病人,以人为本的理念。
2. 培养学生具有严谨求实的科学态度、精益求精的工匠精神和勇于开拓的创新意识。
3. 培养学生具有应用有机化学知识和技能解决实际问题的能力。
4. 培养学生具有人际沟通能力、团结协作精神和良好的职业道德。

(二)专业知识和技能目标

1. 掌握常见有机化合物的结构和命名方法。
2. 熟悉有机化合物的组成、性质及变化规律,学会简单有机化合物的鉴别。
3. 了解常见有机化合物在医学检验技术专业上的应用。
4. 熟练掌握有机化学实验的基本操作、基本技能和实验探究的基本方法。

三、学时安排

教学内容	学时数			
	理论	实验	机动	合计
第一章　有机化合物概述	2	2		4
第二章　烃	6	2		8
第三章　醇酚醚	4	2		6
第四章　醛和酮	3	2		5
第五章　羧酸和取代羧酸	4	2		6
第六章　对映异构	4			4
第七章　酯和脂类	3			3
第八章　含氮有机化合物	4			4

教学内容	学时数			
	理论	实验	机动	合计
第九章　杂环化合物和生物碱	2			2
第十章　糖类	4	2		6
第十一章　氨基酸和蛋白质	4	2		6
合计	40	14		54

四、课程内容和要求

单元	教学内容	教学要求	教学活动参考	参考学时	
				理论	实践
一、有机化合物概述	（一）有机化合物的概念和特性		理论讲授	2	
	1. 有机化合物和有机化学	熟悉	多媒体教学		
	2. 有机化合物的特性	熟悉	案例教学		
	（二）有机化合物的结构特点		讨论		
	1. 有机化合物的结构	掌握	练习		
	2. 有机化合物的同分异构现象	了解			
	（三）有机化合物的分类				
	1. 按碳的骨架分类	了解			
	2. 按官能团分类	了解			
	实训 1　熔点的测定	学会	技能实践		2
二、烃	（一）饱和链烃		理论讲授	6	
	1. 甲烷	熟悉	多媒体教学		
	2. 烷烃的结构和命名	掌握	案例教学		
	3. 烷烃的性质	熟悉	讨论		
	（二）不饱和链烃		练习		
	1. 烯烃	掌握			
	2. 炔烃	掌握			
	3. 不饱和链烃的性质	熟悉			

单元	教学内容	教学要求	教学活动参考	参考学时	
				理论	实践
二、烃	（三）闭链烃				
	1. 脂环烃	了解			
	2. 芳香烃	掌握			
	实训2　烃的性质	学会	技能实践		2
三、醇酚醚	（一）醇		理论讲授	4	
	1. 醇的结构和分类	熟悉	多媒体教学		
	2. 醇的命名	掌握	案例教学		
	3. 醇的性质	掌握	讨论		
	4. 常见的醇	了解	练习		
	（二）酚				
	1. 酚的结构和分类	熟悉			
	2. 酚的命名	掌握			
	3. 酚的性质	掌握			
	4. 常见的酚	了解			
	（三）醚				
	1. 醚的结构、分类和命名	熟悉			
	2. 乙醚	了解			
	实训3　醇和酚的性质	熟练掌握	技能实践		2
四、醛和酮	（一）醛和酮的结构和命名		理论讲授	3	
	1. 醛和酮的结构和分类	熟悉	多媒体教学		
	2. 醛和酮的命名	掌握	案例教学		
	（二）醛和酮的性质		讨论		
	1. 物理性质	熟悉	练习		
	2. 化学性质	掌握			
	（三）常见的醛和酮				
	1. 甲醛	了解			

单元	教学内容	教学要求	教学活动参考	参考学时	
				理论	实践
四、醛和酮	2. 乙醛	了解			
	3. 戊二醛	了解			
	4. 苯甲醛	了解			
	5. 丙酮	了解			
	实训 4　醛和酮的性质	熟练掌握	技能实践		2
五、羧酸和取代羧酸	（一）羧酸		理论讲授	4	
	1. 羧酸的结构和分类	熟悉	多媒体教学		
	2. 羧酸的命名	掌握	案例教学		
	3. 羧酸的性质	掌握	讨论		
	4. 常见的羧酸	了解	练习		
	（二）取代羧酸				
	1. 羟基酸	熟悉			
	2. 酮酸	熟悉			
	3. 常见的取代羧酸	了解			
	实训 5　羧酸的性质	熟练掌握	技能实践		2
六、对映异构	（一）偏振光和旋光性		理论讲授	4	
	1. 偏振光和物质的旋光性	熟悉	多媒体教学		
	2. 旋光度、比旋光度	熟悉	案例教学		
	（二）对映异构		讨论		
	1. 分子的结构与旋光性的关系	熟悉	练习		
	2. 对映异构体构型的标记法	掌握			
	3. 对映异构体的性质	了解			
七、酯和脂类	（一）酯		理论讲授	3	
	1. 酯的结构	掌握	多媒体教学		
	2. 酯的命名	熟悉	案例教学		
	3. 酯的性质		讨论		

单元	教学内容	教学要求	教学活动参考	参考学时	
				理论	实践
七、酯和脂类	（二）油脂		练习		
	1. 油脂的组成和结构	掌握			
	2. 油脂的性质	熟悉			
	（三）类脂				
	1. 磷脂	了解			
	2. 固醇	了解			
八、含氮有机化合物	（一）胺		理论讲授	4	
	1. 胺的结构和分类	熟悉	多媒体教学		
	2. 胺的命名	掌握	案例教学		
	3. 胺的性质	掌握	讨论		
	4. 季铵化合物	了解	练习		
	（二）酰胺				
	1. 酰胺的结构和命名	掌握			
	2. 酰胺的性质	掌握			
	3. 尿素	了解			
	（三）重氮和偶氮化合物				
	1. 重氮和偶氮化合物的结构	熟悉			
	2. 重氮和偶氮化合物的化学性质	熟悉			
九、杂环化合物和生物碱	（一）杂环化合物		理论讲授	2	
	1. 杂环化合物的分类和命名	掌握	多媒体教学		
	2. 常见的杂环化合物	了解	案例教学		
	（二）生物碱		讨论		
	1. 生物碱概述	熟悉	练习		
	2. 生物碱的一般性质	熟悉			
	3. 常见的生物碱	了解			

| 单元 | 教学内容 | 教学要求 | 教学活动参考 | 参考学时 ||
				理论	实践
十、糖类	（一）单糖		理论讲授	4	
	1. 单糖的结构	掌握	多媒体教学		
	2. 单糖的性质	掌握	案例教学		
	3. 常见的单糖	了解	讨论		
	（二）双糖		练习		
	1. 还原性双糖	熟悉			
	2. 非还原性双糖	熟悉			
	（三）多糖				
	1. 淀粉	熟悉			
	2. 糖原	熟悉			
	3. 纤维素	熟悉			
	4. 黏多糖	了解			
	5. 右旋糖酐	了解			
	实训6 糖类的性质	熟练掌握	技能实践		2
十一、氨基酸和蛋白质	（一）氨基酸		理论讲授	4	
	1. 氨基酸的结构、分类和命名	掌握	多媒体教学		
	2. 氨基酸的性质	掌握	案例教学		
	（二）蛋白质		讨论		
	1. 蛋白质的组成	熟悉	练习		
	2. 蛋白质的结构	熟悉			
	3. 蛋白质的性质	掌握			
	实训7 蛋白质的性质	熟练掌握	技能实践		2

五、说明

（一）教学安排

本教学大纲主要供中等卫生职业教育医学检验技术专业参考使用，第二学期开设，总学时为54学时，其中理论教学40学时，实践教学14学时。学分为3学分。

（二）**教学要求**

1. 落实立德树人任务，推进课程思政建设，在知识传授中呈现思政元素。本课程对理论部分教学要求分为掌握、熟悉、了解 3 个层次。掌握：指要求学生在掌握基本概念、理论和规律的基础上，通过分析、归纳、比较等方法解决所遇到的实际问题，做到学以致用、融会贯通。熟悉：指学生能够领会概念的基本含义，能够运用上述概念解释有关规律和现象等。了解：指要求学生能够记住所学过的知识要点，并能够根据具体情况和实际材料识别是什么。

2. 本课程重点突出以岗位胜任力为导向的教学理念，实训部分教学要求分为熟练掌握和学会 2 个层次。熟练掌握：能够熟练运用所学会的技能，合理应用理论知识，独立进行专业技能操作和实训操作，并能够全面分析实训结果和操作要点，正确书写实训报告。学会：指在教师的指导下，能够正确地完成技能操作，说出操作要点和应用目的等，并能够独立写出实训报告。

（三）**教学建议**

1. 本课程体现职业教育特色，将立德树人贯穿于课程实施全过程，同时降低了理论难度，注重实践教学，并强化与相关专业课的联系。

2. 教学内容上要注意有机化学的基本知识、技能与专业实践相结合，强化理论实践一体化，要有重点地介绍有机化学基本知识和基本技能在现代医药卫生、日常生活和科学技术中的应用，引导学生感知有机化学与人类生活的紧密关系，形成探索未知、崇尚真理的意识，激发学生的学习兴趣和求知欲。

3. 教学方法上要充分把握有机化学的学科特点和学生认知特点，建议采用项目教学、案例教学、翻转课堂等方法，通过通俗易懂的讲解，课堂讨论和实验，引导学生通过观察、分析、比较、抽象、概括得出结论，并通过运用不断加深熟悉。合理运用实物、模型、多媒体课件等来加强直观教学，以培养学生的正确思维能力、观察能力和分析归纳能力。同时教学中要注意结合教学内容，对学生进行环境保护、保健、防火、防毒安全意识等教育。

4. 考核方法可采用过程性考核和终结性考核相结合的考核模式，实现评价主体、过程和方式的多元化，过程性考核主要用于考查学生学习过程中对专业知识的综合运用和技能的掌握及学生解决问题的能力，具体从学生在课堂学习和参与项目的态度、职业素养及回答问题等方面进行考核评价。终结性考核主要用于考核学生对课程知识的理解和掌握，通过期末考试方式来进行考核评价。最后，根据课程的目标与过程性考核评价成绩、终结性考核评价的相关程度，按比例计入课程期末成绩。

参 考 文 献

［1］孙彦坪.有机化学基础［M］.3版.北京:人民卫生出版社,2016.

［2］艾旭光,姚德欣.生物化学及检验技术［M］.3版.北京:人民卫生出版社,2017.

［3］陆阳.有机化学［M］.9版.北京:人民卫生出版社,2018.

［4］蒋文,刘晓瀛,燕来敏.有机化学［M］.北京:高等教育出版社,2019.

［5］刘艳,宋卫萍.医用化学基础［M］.武汉:华中科技大学出版社,2019.

［6］石宝珏,刘俊萍.医用化学基础［M］.2版.北京:高等教育出版社,2020.

［7］曹晓群,张威.有机化学［M］.2版.北京:人民卫生出版社,2021.